新农村科普书架系列丛书

话说 HUASHUO 精准农业

科技部中国农村技术开发中心　组织编写

刘升平◎主编　　白启云　诸叶平◎主审

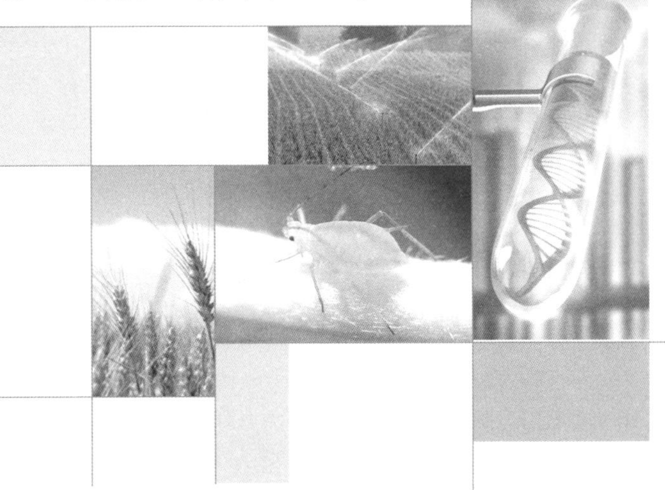

中国劳动社会保障出版社

图书在版编目（CIP）数据

话说精准农业/刘升平主编. —北京：中国劳动社会保障出版社，2015

（新农村科普书架系列丛书）

ISBN 978－7－5167－1915－2

Ⅰ. ①话…　Ⅱ. ①刘…　Ⅲ. ①信息技术－应用－农业　Ⅳ. ①S126

中国版本图书馆 CIP 数据核字（2015）第 129671 号

中国劳动社会保障出版社出版发行

（北京市惠新东街 1 号　邮政编码：100029）

*

北京北苑印刷有限责任公司印刷装订　　新华书店经销

880 毫米×1230 毫米　32 开本　4.625 印张　90 千字

2015 年 7 月第 1 版　　2015 年 7 月第 1 次印刷

定价：24.00 元

读者服务部电话：（010）64929211/64921644/84643933

发行部电话：（010）64961894

出版社网址：http://www.class.com.cn

本书编写人员

主　编　刘升平

主　审　白启云　诸叶平

参　编　崔运鹏　郦　晶　孙开梦　鄂　越　李世娟
海占广　刘海龙　仲晓春

前言

党的十八大明确指出，要加快发展现代农业，积极推进现代农业示范区建设，提高农业规模化、标准化、集约化、专业化水平，要把解决好农业农村农民问题作为全党工作的重中之重。当前，我国农业生产技术相对落后，农民科学意识比较薄弱，农业发展正处于从数量型向数量与质量、效益型并重转变的新阶段，发展有中国特色的现代农业、建设社会主义新农村成为当前农业和农村工作的重要任务。根据新农村建设的总体要求，全面促进农村经济社会发展是根本，加大农业科技人才培养是保证，培育一批有文化、懂技术、会经营的新型农民是关键。

为更好地在农村普及科技文化知识，让广大农民了解农业生产的前沿技术和未来农业发展的新动态，树立先进思想理念，倡导绿色健康生产生活方式，中国农村技术开发中心联合中国劳动社会保障出版社组织相关领域的专家，从克隆技术、精准农业、生物农药、低碳农业等农业前沿技术和热点话题入手，编写了“新农村科普书架系列丛书”，首批推出的图书有《话说转基因》《话说克隆技术》《话说生物农药》《话说精准农业》《话说低碳农业》《话说农业生态环境》《话说农产品生产与食品安全》《话说节气与农业生产》。该套丛书采用话题和讨论等形式，通俗易懂、图文并茂、深入浅出地介绍了大量普及性、实用性的农业科学知识、农业生态环境知识、农业先进技术等。希望这套丛书能够成为广大农民朋友、农业科技人员、农村经纪人和农村基层干部了解农业前沿技术、提高科学知识水平、强化科技意识和环保意识的普及图书，为现代农业的科学发展、为新农村的健康生活提供技术指导和咨询。

本套丛书在编写过程中得到了中国农业科学院、浙江大学、西北农林科技大学、北京市农林科学院、北京市产品质量监督检验所、内蒙古大学等单位众多专家的大力支持。参与编写的专家倾注了大量心血，付出了辛勤的劳动，将多年丰富的实践经验奉献给读者。主审专家投入了大量时间和精力，提出了许多建设性的意见和建议，在此表示衷心的感谢。

由于编者水平有限，时间仓促，书中错误或不妥之处在所难免，衷心希望广大读者批评指正。

编委会

2015年6月

内容简介

信息技术的飞速发展和“精准农业”技术的应用，把农民从土地中解放出来，给农业生产带来翻天覆地的变化，人们只需通过鼠标和键盘就能完成传统的耕种作业，为农业技术的发展绘出了美好的蓝图。

信息技术的每一次突破和革新，都给传统的农业带来一次冲击，像全球定位系统（GPS）、地理信息系统（GIS）、遥感系统（RS）等现代信息技术用于农业精准播种、科学施肥、智能灌溉以及自动收割各个方面，正在一步一步带领农业生产在现代化、智能化的道路上稳步前进。

本书主要从现代农业信息技术角度出发，结合科学知识和应用实践，在农业基础数据获取，精准农业大田应用中播种、施肥、灌溉和收割等几个方面展开，让读者在学习信息技术的同时，增强对农业生产的了解，感受现代科学技术发展给农业生产带来的巨大影响和冲击。

目录

话题一

传统农业和精准农业

说说 传统农业都有啥

农业作为围绕在我们身边的名词，早已耳熟能详，那么，你对农业了解多少呢？农业是人类为了满足物质生活的需要，栽培庄稼、蔬菜、果树，饲养畜、禽、鱼类的生产活动，和我们的日常生活密切相连、休戚相关。

农业分布范围十分辽阔，地球表面除了两极和沙漠外，几乎都可用于农业生产。在近 1.31 亿平方千米的实际陆地面积上，约 11% 是可耕地和多年生作物地，24% 是草原和牧场，31% 是森林和林地。而海洋和内陆水域则是水产业生产的场所。

什么是传统农业

传统农业是指在自然经济条件下，采用人力、畜力、手工工具、铁器等为主的手工劳动方式，靠世代积累下来的传统经验发展，以自给自足的自然经济居主导地位的农业，是采用历史上沿袭下来的耕作方法和农业技术的农业。传统农业具有低能耗、低污染等特征，在当今时代依然发挥着重要作用。

我国的传统农业有哪些

我国地大物博，人口众多，耕地面积较少，造成了历史上粮食生产占据农业的主导地位，传统意义上五谷杂粮种植几乎成为农业的代名词，因此种植业成为了我们常说的狭义农业。实际上，在世界范围内，农业自然资源分布的不平衡导致农业包含多种产业形式，例如种植业、林业、畜牧业和水产业。

种植业 种植业作为我国农业的主导产业，主要包括粮食作物、经济作物、饲料作物和绿肥等生产。通常我们所说的五谷种植其实包含了12个字的内容，即“粮、棉、油、麻、丝（桑）、

我国三大主要粮食作物：玉米、小麦和稻谷（图片来自壹图网）

茶、糖、菜、烟、果、药、杂”。伴随着我国农业经济结构的调整，种植业在农业中所占的比重呈现逐年下降的趋势，20世纪50年代占到80%，60年代占75%，70年代占65%，80年代后已经降到60%。在种植业中最重要的就是粮食种植，它关联着国计民生。截至2013年，我国的粮食生产已经实现了创历史纪录的九连增，为我们日常餐桌的稳定供应提供了强有力的保证。

林业 林业是农业的一个重要组成部分。人们通过培育和保护森林可以获取木材以及其他林产品，利用森林保护环境、保持水土、防风固沙、防治污染、净化空气、美化环境和调节气候。林业包括造林、

育林、护林、森林采伐和更新、木材和其他林产品的采集和加工等内容。

畜牧业 畜牧业主要包括牛、马、驴、骡、骆驼、猪、羊、鸡、鸭、鹅、兔、蜂等家畜家禽饲养业和鹿、貂、水獭、麝等野生经济动物驯养业。人工饲养和繁殖这些动物，可以将牧草和饲料等植物转化为餐桌上的肉类、蛋、奶等食品和毛、绒、皮等工业制品的原料。作为农业的重要组成部分，畜牧业和种植业并列成为农业的两大支柱产业。

（图片来自壹图网）

水产业 水产业又叫作渔业，主要是指在江河湖泊以及海洋等水域中采集、栽培、捕捞、增殖、养殖具有经济价值的鱼类或其他水生动植物产品的行业。水产业按照水域可以分为海洋渔业和淡水渔业；按照水产业的生产性质、功能和方式，可以分为水产捕捞业（包括海洋和内陆捕捞业）、水产养殖业（包括海水、浅海滩涂和内陆养殖业）、水产栽培业、水产采集业和水产品加工业等。

说说 精准农业能做什么

是什么改变了农业生产方式

讲到精准农业之前，先来给大家讲个故事。张大爷家在北京平谷农村，承包了一百多亩（1亩≈666.67米^2）地用来种植大棚草莓和葡萄，每年春夏季节举办草莓节和葡萄节吸引北京城区的人过来采摘，经济效益相当不错。但是为了节约成本，张大爷除了采摘季节让人帮忙外，其他的农活都自己来干，每次为草莓和葡萄浇水、施肥、喷农药花费了张大爷大量的精力和时间，一次干完，张大爷和老伴腰酸背痛好几天缓不过来，虽然挣了不少钱，但人也累得够呛。张大爷的外甥小张从农业大学毕业后回来帮助张大爷管理大棚，利用在学校学习的农业信息知识，购买了测量大棚温度、湿度等数据的传感器，智能灌溉、施肥和喷药设备，在自家大棚安装上先进的信息设备用于大棚自动浇水、施肥和喷农药，将张大爷老两口儿从繁重的体力活中解放出来。如今，张大爷不需要顶着太阳去闷热潮湿的大棚里面给果树浇水，也不需要钻进密不透风的大棚中给果树喷农药，只需通过电脑终端的数据显示，按照草莓和葡萄的种植经验，定时在灌溉用水当中加入适量的农药，就可以完成杀虫的任务。张大爷的大棚不但节省了人力成本、水资源和化肥、农药量，而且还提高了产量。张大爷也可以乐呵呵地坐在电脑前管理着一百多亩的大棚。

除了大棚用的温室控制设备之外，在大田里面经常用的机械还包括精准除草机、变量施肥机、变量喷药机和变量收割机等机械，这些机械都是干什么用的呢？像精准除草机，用在大田里面和神枪手差不多，不管什么样的杂草看到就喷药杀除，没有杂草的地方一点都不浪费。变量施肥机就更加“聪明”了，能够按照土壤和作物的需求进行施肥，不同地块缺了什么肥料就施用什么肥料，不过度施肥避免浪费，和传统的经验施肥相比较，可算是“鸟枪换炮”。变量收割机能够按照设定的要求，在田里面转上一圈，可以实现精确、严格、规范地收割。除草、施肥、收割样样都有准度，这些机器就代表了当前流行的一个词——精准农业。

什么是精准农业

那么，什么是精准农业呢？精准农业（Precision Agriculture）是当今世界农业发展的新潮流，是由信息技术支持，根据空间变异定位、定时、定量地实施一整套现代化农业操作技术与管理系统。其基本含义是根据作物生长的土壤性状，调节对作物的投入，一方面查清田块内部的土壤性状与生产力空间变异，另一方面确定农作物的生产目标，进行定位的“系统诊断、优化配方、技术组装、科学管理”，调动土壤生产力，以最少或最节省的投入达到同等收入或更高的收入，并改善环境，高效地利用各类农业资源，取得经济效益和环境效益。

精准农业的优势

在经历了原始农业、传统农业、工业化农业（石油农业或机械化农业）后，农业进入了以知识高度密集为主要特点的现代知识农业发展阶段。精准农业将现代信息技术、生物技术和工程装备技术应用于农业生产，已经成为现代知识农业的重要生产形式。与传统农业模式相比，精准农业更讲究精细化管理，通过精心计算出所需要的化肥、水分、农药等用量，就可以极大地节约各种原料的投入，大大降低生产成本，提高土地的收益率，同时十分有利于环境保护。具体来说，精准农业以小块农田为单位进行生产管理和区别对待，每个小田块播种、施肥、灌溉、喷药的策略都不同，以达到优化资源投入、高产高效、减少化肥投入、降低环境污染等目的。精准农业技术的应用非常广泛，如根据土壤的需要使肥力的状况得到改善，根据病虫害的情况来调节农药喷洒量，根据干旱情况及时灌溉，自动调节拖拉机的耕种深度，及时改善土壤，防止土地的板结和肥力下降等。

小知识

精准农业的优势

1. 合理施用化肥，降低生产成本，减少环境污染。精准农业采用因土、因作物、因时全面平衡施肥，有明显的经济和环境效益。

2. 减少和节约水资源。目前传统农业因大水漫灌和沟渠渗漏对灌溉水的利用率只有40%左右，精准农业可由作物动态监控技术定时定量供给水分，可通过滴灌、微灌等一系列新型灌溉技术，使水的消耗量减少到最低程度，并能获取尽可能高的产量。

3. 节本增效，省工省时，优质高产。精准农业采用精确播种、精确收获技术，并将精准种子工程与精确播种技术有机地结合起来，使农业低耗、优质、高效成为现实。一般情况下，精准播种比传统播种增产18% ~ 30%，省工2 ~ 3个。

4. 使农作物的物质营养得到合理利用，保证了农产品的产量和质量。

用通俗的话来说，精准农业的理念就是需要多少给多少，需要什么给什么；精准农业的具体含义就是按照农业操作每一单元的具体条件，精细准确地调整各项农业管理措施，在每一生产环节最大限度地优化各项农业投入，以获取最大经济效益和环境效益。张大爷的例子告诉我们，将智能农业信息技术和设备运用到农业生产当中，减轻体力劳动的压力，加大农业生产的产量和收入，就是精准农业的一种典型应用。精准农业使农业生产由粗放型转向集约型经营，其重要特征是使各种原料的使用量达到非常准确，经营可以像工业流程一样连续地进行，从而实现规模化经营。

说说 我国为什么要实施精准农业

粮食危机的警示

1994 年，美国世界观察研究所学者莱斯特·布朗在《谁来养活中国》一文中提出了如下观点："中国因为耕地不断减少和水资源短缺而导致粮食不能自给，对粮食的需求将会超出全世界所有粮食出口国的出口能力，进而将造成世界性的粮食危机。"这在当时的中国引起了强烈的反响，对于我国的农业发展起到了重要的警示作用。

事实上，中国在用占世界 9% 的耕地养活了 21% 的人口，为世界粮食安全和农业发展做出了巨大贡献，但是正在面临水资源利用率非常低、化肥农药不合理利用、环境污染日益突出等问题，亟待新型高效的农业技术来实现农业的高产、优质、高效、生态、安全的发展目标。

农药、化肥利用率带来资源浪费和环境污染

目前，我国化肥利用率偏低，仅为 30% ~ 35%，而国际发达国家化肥利用率是 75% 以上。我国氮肥当季利用率仅为

30% ~ 35%，磷肥利用率仅为 15% ~ 20%，钾肥利用率也不超过 65%。我国每年通过挥发、反硝化、淋失等途径损失的化学氮多达 1 200 万 ~ 1 400 万吨。现有复合肥中的磷在进入土壤后，经过 35 ~ 40 天，其有效性即下降 80%，造成资源浪费，污染环境。

每年我国有 100 万吨农药制剂、1 亿吨药液喷洒到农田中，但由于对农药的使用限定在简单的称量和配制药物学问题上，农药实用技术仍然停留在大容量、大雾滴喷雾的技术水平上，导致我国农药有效利用效率只有 10% ~ 30%，远低于发达国家 50% 的平均水平。

水资源浪费严重

在降水利用率方面，水的资源性浪费极为严重，地面径流水的利用率极低，几乎全部流失，灌溉水的损失率高达 60%。我国是世界上最为缺水的国家之一，人口占世界人口的 21%，而淡水资源却只占世界总量的 8%，农业用水占总用水量的 70% 以上，农田灌溉水的利用效率平均为 51% 左右，每立方米水生产粮食不足 1.2 千克，仅为发达国家的 1/2，70% 的农田因缺水而长期处于中低产状态。

实施精准农业的必要性

中国农业发展到今天，土地面积的增长已经没有什么潜力，主要的希望在增产方面，只能通过大量高能耗工业产品（机械、化肥、农药、燃油、电力等）的投入来维持系统的产出。但是化肥、农药都已经快用到顶了，唯有改变管理模式，农业才有出路。总的来看，现在我国已经进入了现代化大农业时代，一台进口大马力拖拉机每天能耕种 2 000 亩地，开展机械化农业大幅度地提高了农业生产率，但也遇到了许多问题，如土地压实、水土流失、地下水及地表水污染、品种基因单一化的危害、农产品品质的下降、水土资源及能源制约等。同时，在生产管理方面，我国仍然按照传统农业的生产方式进行农业生产，在化肥使用、灌溉和农药使用等方面均采用粗放式经营。不管多大面积的地，都浇一样的水和施一样的肥；不管有没有虫，都要打药。这样的生产管理方式导致了严重的公共卫生和环境方面的问题，不仅造成了资源的浪费，而且对环境造成了一定的污染。

其实早在 20 世纪 50 年代，长三角地区的农民就已经开始实行精细化管理，农民每天到田里转一圈，有水洼的地方就少浇点水，长杂草的地方就拔拔草。到了信息时代，农业资源与环境的压力促使科学家和农民努力寻求一种在继续维持并提高农业产量的同时，又能有效利用有限资源、保护农业生态环境的新的可持续发展农业生产方式，并进行了多种探索，提出了多种诸如生态农业、有机农业等解决途径。随着全球定位系统、地理信息系统、农业应用电子技术和作物栽培模拟模型等技术的发展，信息技术革命的成果已经开始应用到农业领域。现代信息技术通过计算机控制机器设备精确定量地进行农业生产操作，可以有效提高种子、化肥和农药等农业资源的利用效率，提高农业产量和减少环境污染。通过智能信息技术和农机的结合，可以将传统农民浇水、除草、施肥等操作采用机器完成，更加充分地利用农业资源实现农业生产。

随着农业现代科技的快速发展，精细、高效、低碳、环保已经成为中国未来农业的发展趋势。目前我国仅为世界平均水平 1/5 的农业人口人均耕地面积、仅为世界平均水平 34.7% 的农业机械化水平以及超过世界平均水平的 3.37 倍的每公顷化肥投入量，注定了我国要走利用现代信息技术、生物技术和工程装备技术发展具有中国特色的精准农业的道路，形成一种重要的合理利用农业资源、提高农业作物产量、降低生产成本、改善生态环境的现代农业生产形式。

说说 精准农业的产生背景

国际农业的发展经历了原始农业（游耕、游牧等）、传统农业和现代农业三个主要发展阶段。半个多世纪以来，随着环境保护及节约能源要求日益增加、农业经济体系逐渐成熟以及现代信息技术发展日趋完善，精准农业技术应运而生。

首先，在环境保护及节约能源要求方面，21 世纪以来，石油农业的发展在取得成就的同时，带来了严重的环境问题。对此，人们提出了一系列的替代农业对策，如回归型农业、生态农业、有机农业、集约农业、立体农业、持续型农业（持续农业、低投入农业）、生态经济农业、综合农业、精久农业等农业发展模式。

随着农业机械化的实现及大功率拖拉机的使用，石油农业等传统作业方式给环境、土壤、水质及植物本身造成了严重的危害，水源被污染，作物品质下降。化肥的应用引起了水土流失、土壤板结和酸碱失衡，导致化肥与除草剂在土壤和地下水以及农产品中富集，使环境受到污染，并带来全球性环境恶化、资源日益短缺与生物多样性损失等诸多问题。传统的农业生产管理方式已不再适应当今社会发展的要求。因此，要寻找一种新的农业模式。

其次，从农业经济体系方面来看，近年来，西方一些国家的农业土地面积开垦量不断增加，而农产品价格却逐年下降，原因在于产品质量下降。基于欧洲农业交易市场的质量要求，农场经营者认为农产品质量对毛利率的增加是非常重要的。因此，应用精准农业技术对作物的准确投入、精准管理以及适时的检测可有效地提高产品的质量，从而获得较高的交易价格。

最后，用于精准农业研究与应用的条件日臻完善。一方面，随着最初只是在军事、飞机和轮船上应用的全球卫星定位技术的解密转向民用，以及 GPS 卫星数量激增，设备价格大幅下降，使得 GPS 技术在农业生产中使用已不成问题。另一方面，信息技术、互联网技术、机载电子技术（执行元件的检测技术、传感器、变量控制等）的飞速发展以及集成块存储器存储能力、计算机数据处理能力的提高，均为精准农业技术研究和应用创造了必要的条件。

说说 精准农业的前世今生

美国率先应用精准农业技术

美国是精准农业的发起者，在 20 世纪 80 年代末，美国和加拿大提出精准农业的概念和构想，90 年代初开始将精准农业逐步应用于生产。1992 年 4 月，在美国召开的第一次精准农业学术研讨会后，精准农业的概念开始走向全球。1993—1994 年，美国在明尼苏达农场进行了精准农业技术的试验，采用 GPS 指导施肥，和传统的平衡施肥方法相比，作物的产量提高了 30%。1994 年，美国精准农业作业面积是 41 万公顷（1 公顷 = 10 000 米^2），而到了 1998 年，美国的精准农业作业面积已经超过了 1 000 万公顷。1995 年开始，美国 5% 的作物开始不同程度地使用上了精准农业技术。到了 1998 年，美国的精准农业商业调查显示，他们 77% 的用户都已经使用上了精准农业技术。美国和欧洲等相关国家就精准农业的使用经验每年都召开专门的会议进行探讨。到了 1999 年，利用精准农业技术，仅占美国 3% 的劳动力生产了供全美国人口消费的食品，同时生产出占美国出口总额 20% 的农产品。在美国和欧洲的带动下，以色列大力发展节水灌溉和定量施肥的精准农业技术，根据作物生长阶段和气候条件等因素，定时、定量、定位供水，将用水量从 1960 年的 8 700 米^3/公顷减少到现在的 5 250 米^3/公顷，水肥的利用率达到了 90%。

近年来，美国、欧洲、日本、以色列等国家和地区的精准农业技术发展迅猛，从配方施肥、精细播种、病虫害防治、杂草清除、智能收割到水分管理等不同领域都有具体的应用。例如，荷兰的无土栽培切花生产、日本的水培蔬菜生产、美国的生菜生产线、欧盟和北美的牛场自动管理基本都已经实现了精准化的信息管理。

精准农业技术什么时候传入中国

我国是一个农业大国，在 20 世纪 90 年代才开始精准农业方面的研究。我国的科学家在 1994 年提出了在国内进行精准农业研究的建议，国家在“863 计划”和“973 计划”中列入了精准农业的研究内容，并由国家计委和北京市政府在北京构建了精准农业示范区。2002 年，国家科技部批准在北京农业科学院成立了“国家农业信息化工程技术研究中心”，中国农业大学成立了“精准农业研究中心”，中国农业科学院土壤肥料研究所成立了“信息农业研究室”，浙江大学成立了“农业信息科学与技术中心”。截至目前，中国科学院、北京市农业工程信息中心、北京师范大学、中国农业科学院等单位都开展了精准农业的相关研究，已经在北京、河北、山东、上海、新疆等地建立了多个精准农业试验示范区。总体来看，国内精准农业的研究正在处于试验示范和逐步推广应用的阶段。

面对我国当前人口快速增长、耕地面积逐年下降、农业地质灾害日趋严重、农田灌溉浪费与缺水并存、农业科技投入不足且农业耕作粗放、化肥产量不高且浪费严重等农业的主要问题和压力，通过精准农业在我国的实施和应用，在农业生产当中合理施肥、灌溉和用药，降低生产成本的同时降低了污染，有效地保护了环境安全，做到了农业生产的节本增效，实现了农业的可持续发展。

说说 精准农业的技术体系

精准农业是信息化现代农业

精确农业是将遥感、地理信息系统、全球定位系统、计算机技术、通信和网络技术、自动化技术等高科技与地理学、农业、生态学、植物生理学、土壤学等基础学科有机地结合，实现在农业生产全过程中对农作物、土壤从宏观到微观的实时监测，以实现对农作物生长、发育状况、病虫害、水肥状况以及相应的环境状况进行定期信息获取和动态分析，通过诊断和决策，制订实施计划，并在 GPS 和 GIS 集成系统支持下进行田间作业的信息化现代农业。

精准农业是信息革命的产物

精准农业是信息革命的产物，它是在现代信息技术、生物技术、工程技术等一系列高新技术的基础上发展起来的一种重要的现代农业生产方式，其核心技术是地理信息系统、全球定位系统、遥感技术、计算机自动控制技术等信息技术和生物技术。

现代信息技术 美国于 20 世纪 80 年代初提出精准种植的概念，其基本含义是把农业技术措施的差异从地块水平精确到平方厘米水平的一整套综合农业管理技术。这项技术的基础依赖于卫星全球定位系统和利用计算机控制定位，精确定量实施，从而极大地提高种子、化肥、农药等农业资源的利用率，提高农业产量，减少环境污染，有利于农业的可持续发展。

生物技术 现代生物技术从广义上讲主要包括基因工程、细胞工程和微生物工程等，最核心的技术是基因工程。1998 年，全世界已成功地开发了 100 多种再生植物，转基因牛、羊、猪和鱼也培育成功。同时，微生物农业近年来也异军突起。微生物在合成蛋白质、氨基酸、维生素、各种酶方面的能力比动物、植物高上百倍。微生物还可利用有机废弃物，变废为宝，保护生态环境。利用有益微生物，不仅可获得大量生物量，用于制作食用蛋白质以及脂肪、糖类等专门食品，而且在生物防治、土壤改良方面也有突出表现。

工程装备技术 现代工程装备技术是精准农业技术体系的重要组成部分，是“硬件”，其核心技术是“机电一体化技术”。在现代精准农业中，这些核心技术应用于农作物播种、施肥、灌溉和收获等各个环节，具体表现在如下几个方面：

精准播种 即将精准种子工程与精准播种技术有机结合，要求精准播种机播种均匀、精量播种、播深一致。精准播种技术既可节约大量优质种子，又可使作物在田间获得最佳分布，为作物的生长和发育创造最佳环境，从而大大提高作物对营养物质和太阳能的利用率。

精准施肥 能根据不同地区、不同土壤类型以及土壤中各种养分的盈亏情况、作物类别和产量水平，将氮、磷、钾和多种可促进作物生长的微量元素与有机肥加以科学配方，从而做到有目的的施肥。这样既可以减少因过量施肥造成的环境污染和农产品质量下降，又可以降低成本。精准施肥要求有科学合理的施肥方式和具有自动控制的精准施肥机械。

精准灌溉 在自动监测控制条件下的精准灌溉工程技术，如喷灌、滴灌、微灌和渗灌等，可以根据不同作物、不同生育期间土壤墒情和作物需水量，实施实时精准灌溉，从而大大节约水资源，提高水资源的有效利用率。

精准收获 利用精准收获机械可做到颗粒归仓，同时可根据一定的品质标准明确分级。

说说 我国精准农业的关键问题

精准农业是一种灵活的管理策略和技术，对于其应用和推广，需要在政府农业决策、设计、构建、运行、组织和管理的过程中针对农业的实际问题，综合利用多学科领域的专业知识，针对当地农业特点和推广措施，应用适合国情、满足农业需要的技术产品。

我国政府对精准农业的态度

我国政府非常重视精准农业技术的创新与应用。2007 年中央 1 号文件《中共中央　国务院关于积极发展现代农业　扎实推进社会主义新农村建设的若干意见》（中发〔2007〕1 号）指出，要用现代物质条件装备农业，用现代科学技术改造农业，用现代产业体系提升农业，用现代经营形式推进农业，用现代发展理念引领农业，用培养新型农民发展农业，提高农业水利化、机械化和信息化水平，提高土地产出率、资源利用率和农业劳动生产率，提高农业素质、效益和竞争力。农业部《农业科技发展规划 2006—2020》中提出，要在粮食主产区，针对水稻、玉米、小麦、大豆等不同作物和区域自然特点，将精细整地技术、精量选播技术、精确施肥技术、精准施药技术、精量调水技术等进行组装集成，构建五大作物精准农业技术示范体系，同时还要集成示范猪、鸡、鸭、奶牛等主要畜禽精确饲养技术，构建环境控制、饲养工艺、饲料投放等精确饲养技术体系，充分反映了我国对精准农业技术的需求。

精准农业技术发展面临的关键问题

目前，精准农业技术在我国还没有得到大规模应用，其发展主要面临以下几个关键问题：

精准农业关键技术瓶颈有待突破　当前精准农业技术在信息获取、智能决策和应用实施三个环节都存在技术约束。例如，在信息获取方面，需要突破植物的病虫草害信息的定性定量识别，土壤中氮、磷、钾等营养元素的无损快速识别等技术；在智能决策方面，对于农作物在不同生长发育阶段与土壤、气象、管理措施的定量关系还未形成足够的理论依据；在应用实施方面，存在小规模地块和复杂地形下农业智能机械的推广应用问题。

精准农业技术应用门槛过高 国外精准农业经过 30 多年的发展和应用，形成了一批面向大规模农场作用、价格昂贵的商品化技术产品，但是这些产品并不适合我国农业经济发展水平和生产作用规模。在我国实现应用精准农业技术的广泛应用，一方面要降低技术的使用门槛，加速研发具有自主知识产权的、适合我国国情的低成本精准农业技术产品，让用户买得起、用得上；另一方面将精准农业技术通俗化，用简便易行的操作方法来处理复杂的技术内容，让用户可以简单熟练地使用。

缺乏统一的行业或国家标准 目前国内外精准农业技术相关产品很多，但是不同国家、不同公司的产品都自成体系，没有一个统一的行业或者国家标准。这样在精准农业技术产品的研究应用时，往往因为标准不统一导致无法协作，不但影响工作的开展，同时也会在经济上造成一定的损失。

不同地区应用模式差异较大 我国幅员辽阔，地理环境复杂，大部分农田处在丘陵地区，虽有大片的平原，但主要集中在北方；南方农田分散在丘陵、山区或半山区间，田块破碎且高低不平，由拖拉机牵引及灌溉、翻耕、施肥于一体的联合作业机械在这样的地区很难实施。同时，不同的地区经济水平和技术水平差异巨大，农业个性化需求非常突出，单一的精准农业应用模式难以满足实际的农业需求。一方面存在着农户分散经营、经济条件落后、农业机械化程度较低的地区，另一方面存在有一定经营规模、经济条件水平中等、具备一定农业机械化基础的地区，另外还有经济发达、大规模经营、高度机械化生产的地区，需要研究相应的精准农业应用模式来适应不同地区的特色和需求。

说说 我国精准农业的发展方向

精准农业是我国现代农业发展的必然选择

精准农业是我国现代农业发展的客观要求和必然选择，也是保证我国粮食安全、提高农业发展水平的现代科学技术选择。我国的精准农业经过多年的发展，已经形成了精准播种、施肥、施药、灌溉和收获的技术体系，并且已经在大田生产、林业、畜牧水产养殖、农产品加工等行业开展了广泛研究。随着农业物联网技术、农业大数据、智慧农业等技术的提出，精准农业将在技术体系、应用体系和人才体系几个方面得到进一步发展。

我国精准农业的发展方向

构建精准农业技术体系 我国精准农业的发展重点是构建

具有自主知识产权的精准农业技术体系。该体系主要内容包括三个方面：一是制定我国精准农业技术标准、规范和效益评价指标体系；二是构建我国五大作物、设施农业、主要果树、畜禽水产养殖等重点领域的精准作业系统；三是创新农田信息采集、生产管理决策、变量智能农业装备、精准农业技术集成等关键技术，最终实现农业高产、高效、优质、安全的技术需求目标。

建立精准农业技术应用推广体系 依据国家发展需求和应用示范需要，建立具有中国特色的精准农业技术应用推广体系。结合国家粮食丰产工程、商品粮基地建设、中低产田改造、现代农业产业技术体系建设等工程，建立一批精准农业技术应用示范基地，配套完善精准农业基础设施，形成我国农业技术应用推广体系，保证我国的粮食安全和重要农产品安全。

培养精准农业技术人才体系 为了更好地在基层推广和应用精准农业技术，培养和完善精准农业人才体系，可从以下两个方面着手：①主要依托大学、科研院所和农技推广中心，培养具有高学历、高水平的专业技术人才；②建立覆盖全国的精准农业技术培养中心，培养适合基层农技推广的技术队伍，逐步形成精准农业技术创新、应用推广和生产示范等不同层次的人才队伍。

精准农业技术的应用和快速发展将有效提高我国农业生产信息化、农业装备智能化和农业经营管理的现代化水平，对我国现代农业发展、促进我国四化同步进程有着重大意义和应用前景。

话题二

奇妙的农业信息技术

说说 精准农业依托的信息技术

实现精准农业的意义

精准农业是一种基于信息技术和现代管理方法的现代农业生产理念，充分体现了因地制宜、科学管理的思想，对于最大限度地挖掘耕地生产潜力、实现农业生产要素高效利用和保护农田生态环境有着重要的现实意义。

信息技术为精准农业提供了强大的技术支持

精准农业之所以能在今天实现，关键在于现代科学技术的发展，尤其是电子信息技术的发展为其提供了强有力的技术支持。精准农业主要依托全球卫星定位系统（Global Positioning System，GPS）、地理信息系统（Geographic Information System，

GIS)、遥感技术(Remote Sensing，RS)、管理决策支持系统(Decision Support System，DSS)、作物模拟模型系统(Simulation System，SS)、变量投入技术(Variable Rate Technology，VRT)、智能装备技术、智能控制技术等现代信息技术，对农业生产进行定量决策、变量投入和精确实施的现代农业生产管理技术体系。精准农业的技术思想是基于农田作物生长环境存在着时间性和区域性差异，通过信息获取、分析和智能控制，实现农业生产资料的精准投入，提高农业资源的利用效率和潜力，节本增效，增加农作物的产量和品质，减轻对环境的破坏，实现农田作物的可持续发展。

精准农业依托的信息技术

全球卫星定位系统 以卫星为基础的无线电导航定位系统，可实时动态地确定农业作业对象的空间位置，为用户提供精密的三维坐标、速度和时间。

地理信息系统 专门用来存储、管理、分析空间数据的一种技术体系，可实现对空间数据的可视化存储、查询、检索和分析。

遥感技术 在远距离向被测物体发送电磁波能量，通过传感器接收被反射能量并记录成影像进行分析的技术，是精准农业农田信息数据采集的主要技术。

作物管理决策支持系统 是应用计算机信息处理技术制定作物生产管理措施，实现处方农作的基础，也是实现精准农业技术思想的核心。

作物模拟模型系统 是以系统工程为基本方法，借助数学模型对农作物生长发育及其产量形成动态变化进行仿真，并且用于各种农业生产指导当中。

变量投入技术 在安装有计算机设备、嵌入设备、GPS 等先进设备的农业机械当中，根据农业生产实际情况进行自动施肥、用药或者灌溉等操作的技术。

目前我国正处于从传统农业向现代农业转变的关键时期。积极发展精准农业对于推进现代化农业建设和社会主义新农村建设、全面建设小康社会、实现农业现代化有着十分重要的战略意义。国外已经实施精准农业国家的成功经验表明，实现农业现代化，发展精准农业是促进传统农业转型的关键因素，是农业发展由粗放型向集约型转变，由繁重的体力劳动、高成本低效益的生产方式向信息化、低成本高效益模式转变的重要手段。

说说 卫星定位技术

你知道什么是卫星定位技术吗

卫星定位技术是一种高精度、全天候、全球性的无线电导航、定位、定时技术，是以卫星定位接收机到卫星的测量距离为基础，同时利用时间延迟求算距离的方法来进行定位的技术。卫星定位技术的基本原理是测量出已知位置的卫星到用户接收机之间的距离，然后综合多颗卫星的数据来获取接收机的具体位置。以美国全球定位系统为例，在进行卫星定位时，24 颗 GPS 卫星在距离地面 20 200 千米的高空中，以 12 小时的周期环绕地球运行，使得在任意时刻，在地面上的任意一点都可以同时观测到 4 颗以上的卫星。卫星向卫星定位接收机发送同步信号，卫星定位接收机和卫星的信号传输通过电磁波的方式以光速进行传播，当卫星定位接收机接收到卫星传送的同步信号之后，采用对齐伪随机码的方式进行信号的码对齐，计算信号之间的时间延迟用于计算卫星定位接收机到卫星之间的距离。当卫星定位接收机同时观测到 3 颗以上卫星时，通过空间距离交会法就能够定位到卫星定位接收机在地球上的具体位置，实现精准的卫星定位。

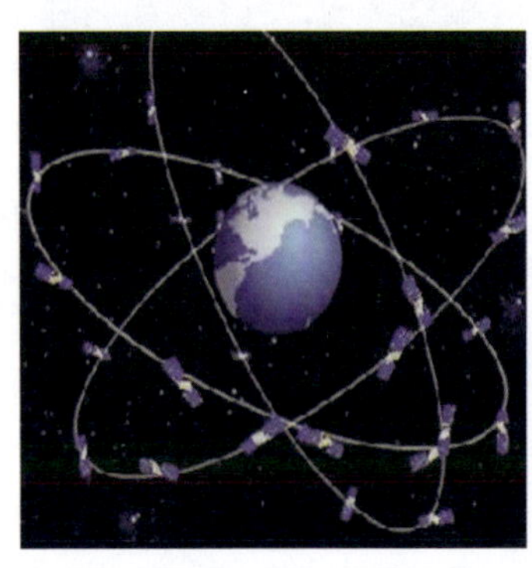

卫星定位技术有哪些应用

卫星定位技术主要应用于导航、授时校频、高精度测量等领域。例如，可以开展船舶远洋导航和进港引水、飞机航路引导和进场降落、汽车自主导航、地面车辆跟踪和城市智能交通管理、个人旅游及野外探险、电力和通信等网络的时间同步、准确时间的授入、准确频率的授入、各种等级的大地测量和控制测量、道路和各种线路放样、水下地形测量、地壳形变测量、大坝和大型建筑物变形监测、工程机械（轮胎吊、推土机等）控制以及精准农业等方面的功能应用。

目前，世界上现役的全球规模卫星定位系统主要有美国的GPS卫星系统、俄罗斯的格洛纳斯–M导航卫星系统、中国的北斗导航系统、欧盟的“伽利略”系统以及日本的“准天顶星”系统。

美国GPS卫星系统

作为目前最成熟、应用最广泛的卫星定位体系，GPS系统在我们生活中的各个方面已经得到了广泛的使用。美国政府在20世纪70年代开始进行研制GPS系统，在1994年全面建成。GPS系统原本是美国国防部用于军事定时、定位与导航的目的。随着冷战的结束，美国提高了民用GPS信号的精度，使GPS得到了迅速发展。

小知识

GPS是一个中距离圆形轨道卫星定位系统。它可以为地球表面绝大部分地区（98%）提供准确的定位、测速和高精度的时间标准。该系统的组成包括24颗GPS卫星，地面上的1个主控站、3个数据注入站和5个监测站及作为用户端的GPS接收机。只需要其中4颗卫星，就能迅速确定用户端在地球上所处的位置及海拔高度，卫星数越多，解码出来的位置就越精确。

GPS 系统的特点：

- ◆ 架构最为成熟，用户广泛。
- ◆ 覆盖率高（全球 98% 的地区）。
- ◆ 快速、省时、高效率、定位准确。

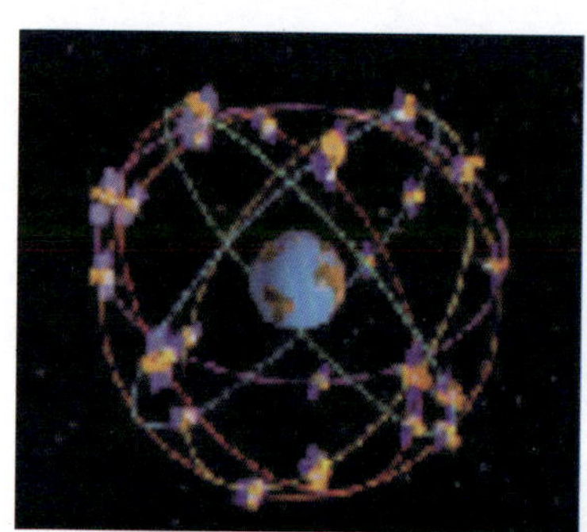

俄罗斯格洛纳斯 -M 导航卫星

俄罗斯的格洛纳斯系统计划比美国发起得更早，早在 1976 年前苏联时期格洛纳斯计划就已经开始实施，不过由于资金问题和苏联解体，格洛纳斯计划受到了一定影响。按照设计，格洛纳斯星座卫星由中轨道的24颗卫星组成，包括21颗工作星和3颗备份星，分布于3个圆形轨道面上，轨道高度19 100千米，倾角64.8° 。目前该系统在轨卫星总数为26颗，其中20颗正常工作，4颗正接受技术维护，另有2颗处于“预备役”状态。按计划，俄罗斯航天部门还将从西北部的普列谢茨克发射一颗“格洛纳斯 −K”型新一代导航卫星。

格洛纳斯系统的特点：

- ◆ 定位精度相对GPS略低。
- ◆ 抗干扰能力强。
- ◆ 目前没有达到24颗卫星的全面运转标准。

中国北斗导航系统

我国的北斗导航系统是全球第三套成熟的卫星导航系统，与GPS系统不同的是，北斗除了定位外，还支持卫星通信功能，应用上更为广泛。2000年，中国北斗导航系统建成运行，成为继美国、俄罗斯之后世界上第三个拥有自主卫星导航系统的国家。不过早期的北斗一号系统包括4颗卫星，相对于GPS来说精度较低，而且不支持移动定位，而后续的北斗二号卫星体系性能不弱于美国GPS系统，计划于2020年覆盖全球，届时将有5颗静止轨道卫星和30颗非静止轨道卫星组成。2007年4月14日，中国成功发射了第一颗北斗二号导航卫星，目前北斗二号系统已经有6颗卫星升空。

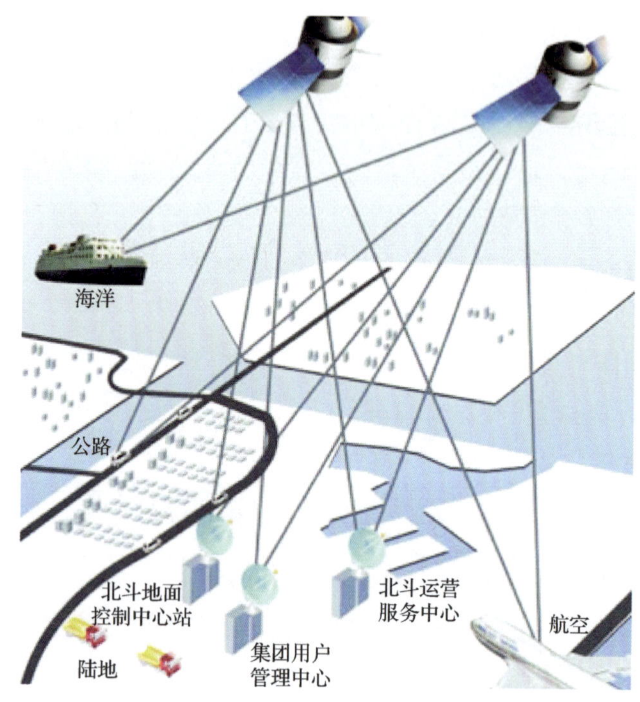

北斗系统的特点：

- ◆ 支持双向定位和通信功能。
- ◆ 目前覆盖中国国土范围。
- ◆ 自主研发，可靠性高。

欧盟“伽利略”系统

欧盟的“伽利略”系统是世界上第一个基于民用的全球卫星导航定位系统，它使用多制式的接收机，获得更多的导航定位卫星的信号，可以极大地提高导航定位的精度。该计划将由32颗中高度圆轨道卫星和2个地面控制中心组成，其中27颗卫星为工作卫星，3 颗为候补。2003 年，中国参与了“伽利略”计划，后来由于当时的一些原因，中国退出了“伽利略”计划，转而研发自主的北斗二号导航体系，而“伽利略”计划的正式运营也一再延期。

“伽利略”系统的特点：

- ◆ 全球首个基于民用的导航系统。
- ◆ 定位精度，可靠性优秀。
- ◆ 支持多系统合作。

日本“准天顶星”系统

日本“准天顶星计划”是日本在 2000 年提出的一套兼具导航定位、移动通信和广播功能的 GPS 卫星辅助增强系统。在日本，GPS 的应用普及率很高，而卫星导航定位技术具有重要的军民两用价值，日本本身也有着发达的航天科技，自然不甘落后。与别的系统不同的是，日本以民间为主导的官民一体化的形式开发，由三颗卫星组成，保持每个时段都会有一颗卫星处于日本上空顶点位置，因此被称为“准天顶星”系统。由于采用了与 GPS 不同的仰角，准天顶星可以有效提高 GPS 的定位覆盖率和定位精度，而且在后续研发上也可以通过增加卫星升级为一套独立的卫星定位体系。

日本“准天顶星”系统的特点：

- ◆ 目前不能独立定位，要依托 GPS 系统。
- ◆ 可以有效加强定位精确度和日本本土的定位覆盖率。
- ◆ 兼具通信、广播功能。

说说 地理信息系统

你了解地理信息系统吗

地理信息系统（Geographic Information System，GIS）属于信息系统的一类，是获取、处理、管理和分析地理空间数据的重要工具、技术和学科。我们当今面临的最主要挑战是人口过多、环境污染、森林破坏、自然疾病等，这些都与地理因素有关。据有关统计显示，进入信息社会后，人们每天所接触到的信息 80% 与地理空间信息有关，我们日常生活的方方面面都被牢牢地打上了时空的烙印。在精准农业技术体系当中，地理信息系统主要用于建立农田地上管理、土壤数据、作物苗情、病虫草害发生发展趋势、作物产量等空间信息数据库，并实现空间信息的地理统计处理、可视化展示、图形转换与表达等功能，为分析差异性和实施调控提供决策方案。

小知识

世界上第一个地理信息系统

地理信息系统有时又被称为“地学信息系统”或“资源与环境信息系统”，它是一种特定的十分重要的空间信息系统，在计算机硬、软件系统支持下，可以对整个或部分地球表层（包括大气层）空间中的有关地理分布数据进行采集、存储、管理、运算、分析、显示和描述。

加拿大测量学家 R.T.Tomlinson 于 1963 年最早提出地理信息系统这一术语，并建立了世界上第一个地理信息系统——加拿大地理信息系统（CGIS），用于对自然资源的管理和规划。经过 20 世纪 70 年代和 80 年代的研究，特别是在美国地理信息系统技术领导者 Jack Dangermond 的倡导和推动下，实现了图形技术与数据库技术的结合，目前已经迅速发展成为一种全新的信息管理和处理技术，在全球范围的社会、军事、经济和管理部门得到了广泛应用。

地理信息系统由哪些元素组成

从应用的角度来看，地理信息系统由硬件、软件、数据、方法和人员五部分组成。硬件和软件为地理信息系统建设提供环境；数据是 GIS 的重要内容；方法为 GIS 建设提供解决方案；人员是系统建设中的关键和能动性因素，直接影响和协调其他几个组成部分。硬件主要包括计算机和网络设备，存储设备，数据输入、显示和输出的外围设备等。软件主要包括操作系统软件、数据库管理软件、系统开发软件、GIS 软件等。数据是 GIS 中最重要的部件，包括空间数据和其他数据源的数据，用来实现系统的数据查询、可视化展示等功能。方法是指系统采用什么样的技术路线和解决方案来实现系统目标。人员包括从设计和维护系统的技术专家，到那些使用 GIS 系统并完成他们每天工作的人员。

地理信息系统能为农业做些什么

作为精确农业技术的核心软件技术，地理信息系统将专家系统、决策支持系统等组合起来，起到了一个容器的作用。一方面，在农业生产中应用 GIS 技术可以开展农田数据库管理，主要用于建立农田土地管理、土壤数据、自然条件、生产条件、作物苗情、病虫草害发生发展趋势、作物产量等的空间信息数据库和进行空间信息的地理统计处理、图形转换与表达等。另一方面，可以开展农业专题地图分析，通过 GIS 提供的覆合叠加功能将不同农业专题数据组合在一起，形成新的数据集。例如，将土壤类型、地形、作物覆盖数据采用覆合叠加，建立三者在空间上的联系，可以很容易地分析出土壤类型、地形、作物覆盖之间的关系。

我国地理信息系统的发展和应用

我国 GIS 的发展较晚，主要经历了四个阶段，即起步（1970—1980 年）、准备（1980—1985 年）、发展（1985—1995 年）、产业化（1996 年以后）阶段。GIS 已在许多部门和领域得到应用，并引起了政府部门的高度重视，广泛应用于资源调查、环境评估、灾害预测、国土管理、城市规划、邮电通信、交通运输、军事公安、水利电力、公共设施管理、农林牧业、统计、商业金融等几乎所有领域。例如，在开展农业资源管理时，GIS 技术主要用于解决农业和林业领域各种资源（如土地、森林、草场）分布、分级、统计、制图等问题；在开展农业防灾减灾中物资的分配、粮食供给等问题时，GIS 技术可用于保证上述资源的最合理配置和发挥最大效益；在进行农村土地信息系统和地籍管理时，GIS 可用于高效和高质量地管理土地使用性质变化、地块轮廓变化、地籍权属关系变化等许多内容；在开展生态、环境管理与模拟时，GIS 技术可用于开展区域生态规划、环境现状评价、环境影响评价、污染物削减分配的决策支持、环境与区域可持续发展的决策支持、环保设施的管理、环境规划等研究。

下面图片展示了使用地理信息系统软件对基本农田图、基本农田保护区、界桩、保护牌、基本农田质量变化、基本农田数量变化等图层数据进行处理的情况。

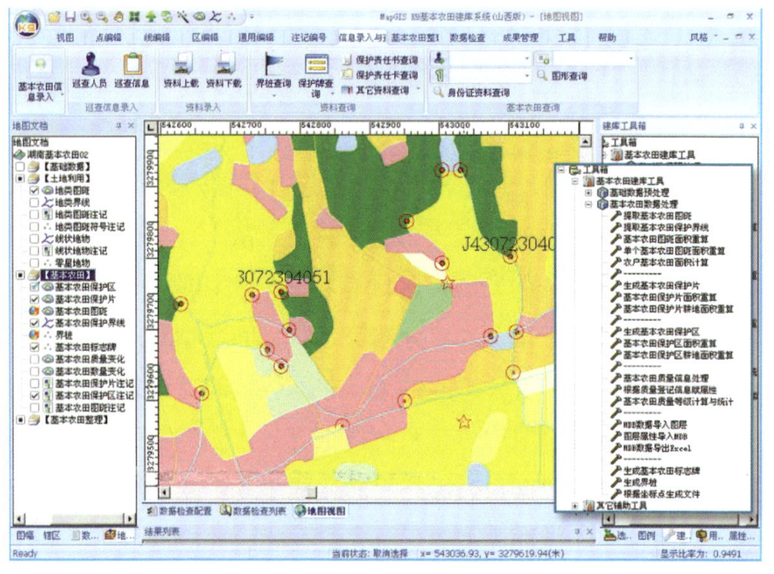

话说精准农业

下面的图片展示了采用 GIS 技术对桂林基本农田图、土地利用现状图、土地利用总体规划图、土地供应图的多视图数据对比浏览情况。

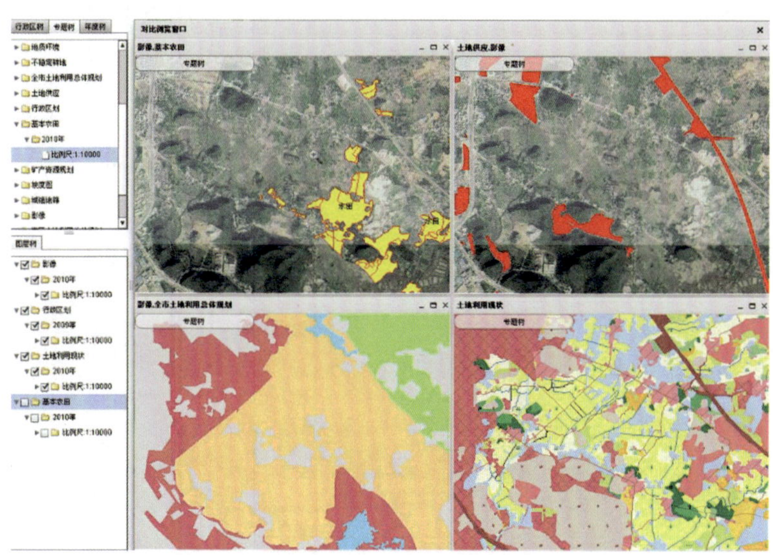

对于广大的管理部门来说，每次进行数据内容表达的时候，面对密密麻麻的数据和报表总有一种“无从下口”的感觉。我们知道，农业经济的发展和区域有着非常密切的关系，而 GIS 可以将区域粮食产量、人口分布等各种空间数据和应用需求相结合进行分析，并将分析的结果以空间位置的直观方式在地图上展现出来。有了地理信息系统这个工具，我们就能把一些纯文字的描述以及数据报表等材料转化成生动形象的可视化表达方式，而且还能借助模型等工具，进行相应的空间分析。利用

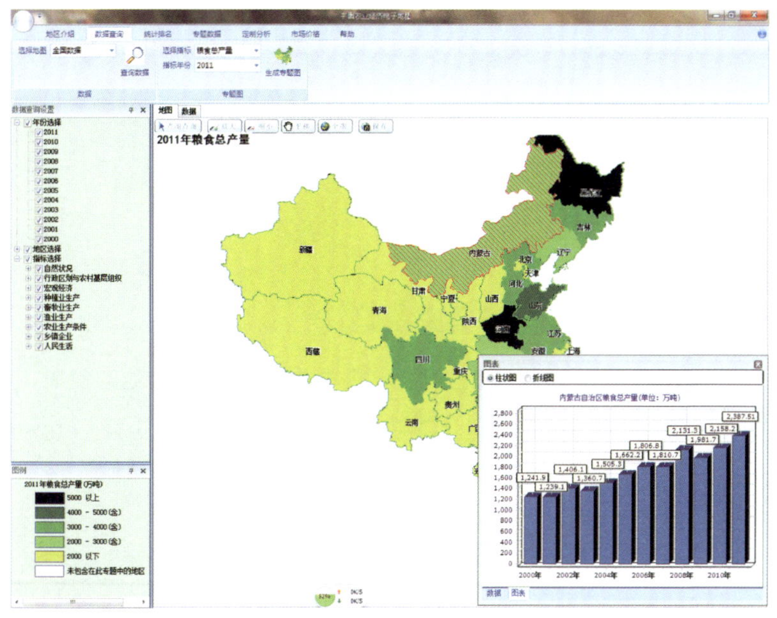

GIS 的这一特性，中国农业科学院农业信息研究所参考了大量农业经济信息分析处理的资料，针对近 30 年县域农业经济数据开展县级区域经济分析，提供了农业灾害应急管理模型、农产品市场价格预测分析模型、数据分析报告自动生成等功能，对开展农业经济数据管理有极高的实用价值。地理信息系统的另一个好处是，能够将计算结果以“地图”这种直观的视觉表达形式呈现出来。通过下图，我们可以看出 2011 年全国的粮食产量哪里较高、它们的分布情况如何。

说说 遥感技术

遥感技术就是“千里眼”吗

大家都知道《西游记》中天神“千里眼”的本领，他可以站在天庭上，一眼看到人间万物，任由孙悟空千变万化，也逃不出天庭的监控。然而，随着科技的迅速发展，“千里眼”已经不再只存在于神话当中，这就是遥感技术。

说到遥感，可能很多人觉得是一个陌生的名词，离自己很遥远。可实际上，遥感技术已经在我们的生活中得到广泛应用。例如，在农业、林业、海洋渔业、测绘、军事、气象等各方面，它潜移默化地影响着人类的生活方式。遥感技术可以理解为不需要通过和物体接触的方式来探测目标物体的各种信息，简单来说就是遥远地感知。遥感技术可以分为重力遥感、磁力遥感、电磁波遥感、地震遥感等，目前在农业上常用的遥感技术一般特指卫星遥感技术，它主要通过卫星上面的传感器对地球表面电磁波进行探测，从而得到地表信息。遥感卫星分布在距离地面几百千米到几千千米的高空，围绕地球旋转，昼夜不停地采集数据，就像神话中的“千里眼”一样，可以“看”到地球的每个角落，传回大量的信息。

遥感技术的神奇之处

是不是觉得遥感技术很神奇呢？其实遥感技术和我们用肉眼来看地球上千姿百态、色彩斑斓的物体采用的是同样的原理。我们首先来了解一下人眼识别事物的原理。人们通过肉眼看见和识别物体主要是借助光的作用，光照射在物体上会反射部分可见光到人眼当中，这样人就能看到该物体了。由于不同的物体对于不同颜色可见光的反射效果不同，人眼通过获取到的反射光就能看到不同的颜色。例如，我们看到植物的叶片颜色是绿色，这是因为绿色植物的叶片对绿色光的反射能力比对其他颜色光的反射能力更强，从而使它的叶子表现为绿色。我们看到煤块的颜色是黑色，就是因为煤炭对于各种颜色的吸收很强，反射到人眼当中的可见光很弱，看起来就是黑乎乎的一片。

小知识

什么是遥感技术

遥感技术（Remote System，RS）是20世纪60年代兴起的一种探测技术，是根据电磁波的理论，应用各种传感仪器对远距离目标所辐射和反射的电磁波信息进行接收、处理，并最后成像，从而对地面各种景物进行探测和识别的一种综合技术。

卫星遥感技术是怎样采集和传递信息的

卫星遥感技术实现地面信息的探测与采集的具体原理和人

眼看物的原理非常类似，区别在于人眼能看到的是可见光，而卫星遥感能探测到红外线、紫外线、X光等其他的电磁波。这些电磁波人眼是看不到的，但是可以通过仪器进行识别后得到利用。例如，无线电用于电视、广播和通信，X光用于物体透视等。由于物体不但能够反射电磁波，同时也在发射电磁波，因此我们利用卫星上的传感器对地球表面反射或发射的电磁波信息进行探测，再利用计算机对这些信息进行处理分析，从而得到地表图像或信息。按照电磁波的不同特性，卫星传感器可以“看”到可见光、红外线、微波等不同的电磁波，在遥感技术中我们称它为波段或者通道。通过不同的通道，卫星传感器可以探测到地表的物体、水下物体、大气中的水汽和尘埃等，甚至物体的颜色和温度都能够被探测到。不同的传感器对地面具有不同的辨识能力，飞行在距地球几百千米高空的卫星，可以按照传感器分辨率划分为不同的用途。例如，资源卫星的地面分辨率为几米至几十米，可以满足地质勘探、海岸线绘制、农林业调查等需求；气象卫星的地面分辨率为几百米至几千米，可以满足大面积农业监测、大气探测、台风监测等需求；而军用卫星的地面分辨率则更高，一般为几十厘米至一米，

Terra卫星2005年07月19日获得的台风海棠登陆福建的MODIS影像图

有的甚至更高。

卫星遥感技术在农业上的应用

利用卫星遥感的探测能力和监测能力，可以在农业方面发挥巨大的作用。例如，在农情监测方面，利用气象卫星可以对小麦的长势情况进行检测，实现对小麦产量的估算，得到非常客观、精测的监测结果；在灾害监测方面，通过气象卫星可以对台风、草原火灾、森林火灾进行实时监测，可以清楚地检测到每一次台风的形成和移动过程，火灾在草原和森林里面的蔓延情况，而这些在没有卫星遥感之前都是不可想象的事情；在海岸线绘制方面，我国有几千千米的海岸线，如果采用人工方法进行测量，不仅费时费力，而且难以保证准确性，通过卫星遥感技术几天之内就可以得到精准的海岸线数据。

小知识

农作物估产原理

农作物的产量取决于农作物面积和单位面积的产量。使用遥感技术能测出农作物的种植面积，也能够在大面积范围内对农作物叶子的光谱反射进行观测。因此，如果掌握了农作物的光谱反射特性与农作物生长状况的规律，并根据作物生长状态的指标，判断不同地区农作物的生长状态（如密度、病虫害、成熟程度等）决定产量指标的因素，并结合作物生长的基本条件（如气候、土壤、地形、水利等），就可以实现对农作物的产量估测。

精准农业中遥感系统的研究方向

◆ 作物长势及其背景的监测：运用高分辨率传感器，在不同的作物生长期实施全面监测，根据光谱信息进行空间定性、定位分析，为定位处方农作提供依据。

◆ 应用多种遥感信息，分析叶绿素含量、叶绿素密度与干物质积累的关系。

◆ 运用多光谱遥感信息（红外波段），在有作物条件下监测土壤水分。随着遥感传感器技术的迅速发展，传感器的分辨率进一步提高，遥感监测的精度和准确率也将进一步提高。可以预见，遥感技术在农业生产上的应用将会越来越广泛和深入。

说说 变量作业技术

农田作物生长需要哪些养分

我们知道，农田作物在生长过程中，除了需要大量的水分之外，还需要碳、氧、氢、氮、磷、钾几大元素以及其他一些微量元素。这些元素看上去好像数量并不太多，不过对于农作物的生长都起着重要的作用，是农作物的“营养品”。如果农作物缺少氮，叶片就会变得发黄；如果农作物缺少磷，作物种子会长得不够饱满；如果农作物缺少钾，块根和块茎就长不大；

如果农作物缺少锌，植株会变得矮小、叶片狭小；如果农作物缺少钙，顶芽容易受伤，根系也会坏死。上面所说的这些元素，本来在土壤之中都存在，可是在土壤之中种上庄稼后，这些元素就会逐渐被庄稼吸收，并且慢慢减少。土壤的肥力不足，庄稼长得就不好看了，这个时候，就需要采用施肥的方法来补充土壤的肥力。

传统农业施肥方法的局限

在传统农业当中，施肥数量主要通过农民的经验来决定，施肥过程都是一片田地施用同样数量的肥料，这样会导致很多问题出现。例如，施肥少了，使得庄稼得不到足够的养分，不能达到增产的效果；施肥多了，庄稼吸收不了那么多的养分，多余的营养元素会随着降水、灌溉等因素流失，一方面会对环境造成影响，另一方面也会对庄稼的品质产生影响。

精准农业施肥可精准定量

在精准农业当中采用变量施肥技术，施肥是可以科学化定量实施的。就好比我们平时去医院看病，医生首先要为你做检查和化验，才能做出准确的诊断，最后根据诊断结果开出药方，你才能对症吃药。而我们使用变量施肥技术进行测土配方施肥，就像医生对土地进行诊断，根据测土的结果得到土壤不同元素含量，然后根据施肥方案进行施肥。

变量作业技术的实施方法

概括来说，变量作业技术的实施主要包含下面三个步骤：

测土 对土地进行取样测量，确认不同地块中土壤养分的含量。

配方 对土壤中的养分含量进行分析，按照庄稼需要的营养成分“开处方、配药品”。

合理施肥 使用精准变量施肥机实现科学施肥。上图的施肥机中安装了测土配方施肥软件，根据测土配方的结果得到为每块土壤施用肥料的具体数据，在土壤肥力较高的地方少施肥，在土壤肥力较低的地方多施肥。

通过上面三个步骤，我们就可以在不同的农田当中，实现肥料按需精准变量的最优化投送，一方面能够提高庄稼的产量，另一方面也保护了环境，可以说是一举多得。

话题三

精准农业国内外应用现状

说说 国内精准农业技术的应用

精准农业技术应用实例

我国的一些地区已将精准农业技术引入农业生产实践并取得了初步的经济效益。以新疆生产建设兵团为例，从 1999 年提出精准灌溉、施肥、播种、收获及环境动态监控开始，经过 4 年的发展，到 2003 年已基本形成具有精准农业核心技术体系、精准农业技术指标体系、精准农业技术规程体系和精准农业技术装备体系 4 个子系统构成的比较完善的精准农业技术体系，在棉花生产的大面积应用中获得了极大的经济、社会及生态效益：棉花平均单产 122 千克，增产 17%；实施半精量播种的棉田，播种量由原来的 6 千克降为 4 千克，实施精量播种的棉田又降为 2 千克；氮肥的利用率可以提高 7% ~ 8%，磷肥的利用率可以提高 3% ～ 5%；实施滴灌的棉田每亩用水降至 240 ～ 260 米 ^{3}，比沟灌节水 140 ～ 160 米 ^{3}；单个职工管理棉花的面积从 20 ～ 25 亩提高到 100 ～ 150 亩，劳动生产率是原来的 5 ～ 7 倍。

黑龙江垦区是中国现代农业的示范基地，在精准农业与数字农业应用示范研究方面有着得天独厚的优势。研究中心目前拥有友谊农场五分场二队、大西江农场、八五二农场、宝泉岭农场、红星农场和七星农场精准农业试验示范基地，红星农场与七星农场农机数字化管理系统等。黑龙江八一农垦大学依托黑龙江垦区从 2000 年开始进行精准农业技术与装备的研究，2001 年成立黑龙江八一农垦大学精准农业技术研究中心，为黑龙江垦区精准农业与数字农业试验示范提供技术依托。在精准农业技术研究中心的基础上，黑龙江八一农垦大学于 2004 年配套建立了精准农业技术装备实验室。该研究中心通过网站（http://61.167.199.249：801）定期发布最新的研究和示范成果。

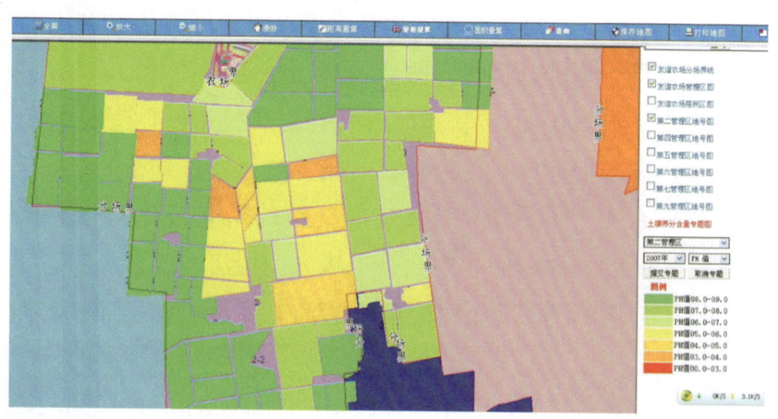

精准农业项目实施情况

2000 年，国家计委和北京市政府共同投资在北京进行精准农业示范区建设，这是我国实施的第一个“精准农业”项目，为技术设备的引进、消化吸收和在国内进行示范和推广做前期的准备。同年，中国科学院把精准农业列入知识创新工程计划，并启动了知识创新工程的重要方向项目——精准种植研究，开发研究拥有我国自主知识产权的精准农业关键技术与设备，制定了具体研究目标、研究内容和中长期发展战略规划。

根据 2000 年开始执行的 973 计划——地球表面时空多变要素的定量遥感理论及应用，科研人员从 2000 年 10 月至 2001 年 5 月小麦生长期间，在北京顺义地区开展了大型“星、机、地”一体化定量遥感综合试验，标志着我国精准农业的研究已经取得了初步的进展。

2002 年，国家科技部批准在北京农业科学院成立了“国家农业信息化工程技术研究中心”，与国外同行进行广泛的合作联系，跟踪国外技术进步开展研究工作，促进信息技术向农业领域应用转移的集成技术开发研究。2003 年，在北京昌平区建成了北京小汤山国家精准农业示范基地。

小案例

一亩三分地的精准农业

说了这么多，搞精准农业又是卫星定位，又是大型机械种植，还有土壤养分采集分析，这得要花多少钱？我家就一亩地，怎么办？

我们来看一下邻国越南。越南的发展水平恐怕不及中国，但其大胆创新，走出了“以人为本”的迥然不同于美国的那种基于高科技的精准农业之路，颇耐人寻味。精准农业已经在越南的水稻、椰子等作物上有所应用，其共同点是以人工劳作替代农机作业，包括以分地块手工收获后，由人记录产量取代由产量监测仪绘制产量分布图的方式，随后的变量施肥等管理措施也不是靠机械，而是凭借其丰富的劳动资源由人工完成。越南的实践证明，通过发挥发展中国家劳动力资源的数量优势，以弥补其在资金与高科技投入方面的不足，即使在较小规模的地块上从事小农户生产经营，也同样可以实施精准农业种植。

在我国，可以通过中国土壤数据库（http：//www.soil.csdb.cn/）免费查询所在县市的土壤样本情况，里面详细列出了所在地的土壤类型、组成成分以及适合种植的作物。

说说 美国精准农业技术的应用

美国率先提出精准农业的概念

20 世纪 80 年代，美国首先提出精准农业的概念，发展也不过 30 几年。俗话说，“老子好汉儿子龙。”那么，作为“祖师爷”

的美国,其精准农业的发展现状如何呢？我们先来看看美国的“家底”。

美国地处北美大陆南部，北邻加拿大，东濒大西洋，西临太平洋，南接墨西哥和墨西哥湾，国土面积和中国差不多。1994 年全国总人口为 2.6 亿。美国是世界上城市化程度最高的国家之一，城市人口占全国总人口的 75%以上，因此农村就显得地广人稀。美国的务农人口在 1870 年占总人口的 52%，1910 年为 32%，到 1994 年已经下降到了 2%。

美国是世界上最发达的资本主义国家，自然资源丰富，发展农业有着得天独厚的条件。全国大部分地区雨量充沛而且分布比较均匀，平均年降水量为 760 毫米。土地土质肥沃，海拔 500 米以下的平原占国土面积的 55%，有利于农业的机械化耕作和规模经营，耕地面积人均接近 0.8 公顷。

美国注重农业科技的作用

“以农立国”在美国有着悠久的历史和传统,作为移民国家,美国虽然只有二百多年的历史，但其农业部在 1862 年成立的时候，就在其部徽上写着“农业是制造业和商业的基础”。美国注重农业科技的作用，农业一直是国家的重要经济支柱。随着工业的发展，农业在美国经济中的比重逐渐下降，但政府对农业采取了支持和保护的政策，使农业成为美国在世界上最具竞争力的产业。

以高度商业化的家庭农场为基础,美国于 1826 年制定了《宅地法》，奠定了家庭农场的基础。1994 年，美国有 204 万个农场，其平均规模为 193.4 公顷；农业劳动力有 252 万人，占全国劳动力总数的 2%。

美国的农业专业化程度很高，形成了一些著名的生产带，如玉米带、小麦带、棉花带等。早在 1914 年，美国农业就已经在很大程度上实现了种植专业化，这种格局保持至今。这种区域分工使美国各个地区都能充分地发挥各自的优势，有利于降低成本，提高生产率。通畅的水陆运输网的建立，更进一步促进了区域分工专业化生产，而区域分工和专业化生产也有力地推动了附近地区相关产业的发展。

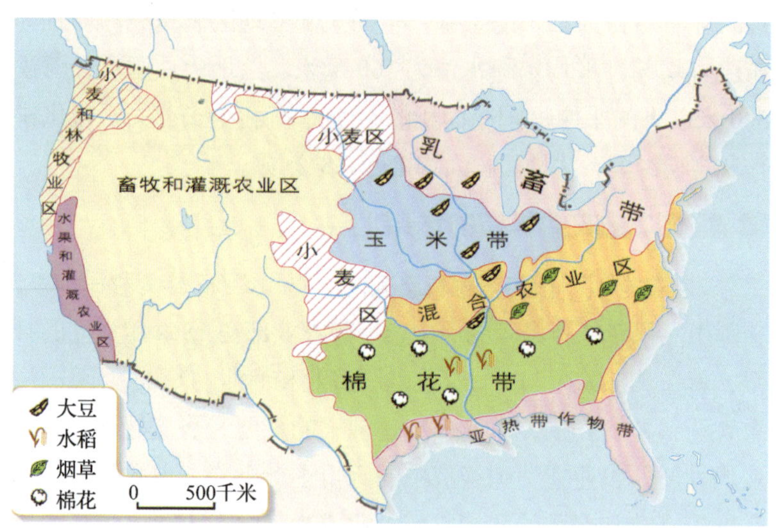

精准农业技术试验结果

1993 年，精准农业技术首先在美国明尼苏达州的两个农场进行试验，结果当年用 GPS 指导施肥的产量就比传统平衡施肥的产量提高了10%左右，而且减少了化肥施用总量，经济效益大大提高。到1995年，美国约有5%的作物面积不同程度地应用了精准农业技术。美国农业部每年进行的农业资源管理调查表明，产量监视器在小麦种植面积中的应用率从1996年的6%稳步增长至2000年的约10%，而在玉米和大豆种植面积中的应用率在2000年分别达到30%和25%，在玉米种植面积中的应用率在2001年则增至33%。精确农业的主要特点是精确施肥、精确估产、精确作业。例如，在美国明尼苏达州，一位农民正在田里工作，他的拖拉机上安装了一台电脑，从电脑屏幕上可以看到面积为700公顷的玉米和大豆田的地图，电脑还会指示哪个地区需要施用多少肥料。如果再装上一台接收器，便可使他在一望无边的田野里工作时，能够接收到由全球定位系统的卫星发出的遥感遥测信号，根据这些信号，可进行精确的土壤调查、土地利用、作物估产、合理施肥、农业生态环境监测等。

精准农业技术大规模应用

美国精准农业主要应用于大规模经营的农场，目前已有60% ~ 70%的大农场采用了精准农业技术。1995年，美国开始在联合收割机上装备全球卫星定位系统。它是在驾驶室的顶部安装了一台接收器，将定位信号传给驾驶室的计算机，连续不断地确定每一时刻联合收割机的作业位置。联合收割机上装有一套电子传感器，把收获的农作物的重量、湿度等数据输送给计算机，并在显示器上显示出来。这样，在联合收割机作业过程中，就可以精确地记录每一单位面积（可以精确到1米^2）土地的农作物产量及有关数据。将这些数据用专门的电脑软件经过计算机加以处理后，就可以绘制出农场不同位置的“数字地图”，形象地显示各个地点的产量。对于产量不同的地点，可以通过对土壤养分、水、肥等因素的分析，找出产量变化的原因，再把相关数据输入到其他农业机械的计算机里，就可有针对性地施肥、灌水，全面提高整块土地的产量。

精准农业在美国已形成高新技术与农业生产相结合的产业

美国在农业机械化过程完成后,即将进入信息时代,农业“数字化经营”将变成现实。种庄稼不再靠经验，而是靠农业专家。农业专家提出的建议将保存在一个小小的电子卡上，然后将这个卡装配在农机的一台控制器——农机的控制中心上。控制器自动读卡，并根据 RS 提供的资料和 GPS 提供的农机在田间的具体位置，就可以向播种机发出准确的指令，从而有条不紊地完成从播种、施肥、灭虫、灌溉到收获的全部操作过程。在卫星的密切监视下，加之农机的电脑上已经记录了机器的作业情况，农业生产者就可以科学地管理自己的“数字农场”。美国亚利桑那州部分农场采用地下渗灌设施，化肥、除草剂、杀虫剂等随水施加于作物根部，这些设施就是受控于田间的计算控制中心，而中心的信息则来自于定期低空遥感和地面遥测。

美国已经研发了一批高技术的智能机械，其中最具代表性的有美国约翰·迪尔（John Deere）公司的“Green Star”（绿色之星）。“绿色之星”采用全球卫星定位系统，对农业生产的全过程，如收获、播种及施肥撒药进行测量和控制。它适合在大规模农业经营和机械化操作条件下使用。目前该公司已有成套技术设备在市场销售。

精准农业在美国已经形成一种高新技术与农业生产相结合的产业，已被广泛承认是可持续发展农业的重要途径，在一些单项技术的应用上已经比较成熟，并且也已实现了商品化。据美国农业部预测，未来数年内，美国精确农业技术普及率将会稳步增长。从事精确农业研究和发展的公共和私人机构，将会研制出可以促使生产者获取经济或环保好处的农场管理决策系统，从而促进精确农业技术的进一步普及。

小案例

美国的农民

在美国当农民是不自由的，农民不是想种什么就能种什么，种什么要由农业技术协会说了算。加州的农民技术顾问会根据农民（农场主）所拥有的土地进行地理位置、地形、气候、土壤肥力等各方面的分析，告诉农民你的土地最适宜种什么，然后他们会对农民进行培训和指导，并为其建立各种档案，对土壤、水分、病虫害状况定期检测，以便及时指导和对症下药。

在美国当农民是最好的，当需要劳动力收获果实的时候，农民协会会帮其找来廉价的劳动力；遭遇了自然灾害时政府会为其免税；遇到虫害时可以找专业公司派飞机来喷农药；农产品丰收时农民协会会帮其联系市场。当然，农民的劳动成果变成金钱时也要付给农民协会。

美国的农民是很受尊敬的，因为占人口 1% 的农民不仅喂饱了美国，还帮助了其他国家。美国农民的受教育程度是很高的，许多人是硕士毕业，家里一般有两台电脑，一台用来看天气预报、卫星系统和全球期货，另一台用于打字和算账。

说说 以色列精准农业技术的应用

马克 · 吐温笔下的以色列国土

"在所有景色凄凉的地方，这里无疑堪称首屈一指。山上寸草不生，色彩单调，地形不美。一切看起来都很扎眼，无遮无拦，没有远近的感觉——在这里，距离不产生魅力。这是一块令人窒息、毫无希望的沉闷土地。"这就是美国著名作家马克 · 吐温笔下的以色列建国时的这片国土。

以色列是一个严重缺水的国家

中国是个比较缺水的国家，人均水资源量只有 2 300 米^3，仅为世界平均水平的 1/4，是全球人均水资源最贫乏的国家之一。而以色列则更差，全国总计约有淡水资源 20 亿米^3，人均水资源占有量不足 400 米^3。如果说中国农民还可以使用浇大田的方式从事农业生产，以色列人则连这样的机会都没有，干热天气导致的高蒸发量会把可怜的一点水大部分还给上帝。

滴灌技术使以色列成为“欧洲人的花园、果园和菜园”

现在，这里被喻为“欧洲人的花园、果园和菜园”。

以色列最广为人知的农业技术是滴灌技术。滴灌不仅改变了以色列农业，也改变了全世界农业的灌溉方式。滴灌，在一般人印象中就是布设大量打上微小孔洞管线的一种较节水的浇灌方式，但以色列人却把它做到了极致。以一个深埋地下的简单喷嘴为例，它就凝聚了大量的高科技。

第一，它由电脑控制，依据传感器传回的土壤数据，决定何时浇、浇多少，杜绝浪费的同时也保证了作物生长的需要。第二，为防止作物根系的生长堵塞喷嘴，喷洞周围精确涂抹专门的药剂，仅抑制周边一个极小范围内的根系生长。第三，为防止不喷水时土壤自然陷落堵塞喷嘴，需要在喷水系统中平行布置一个充气系统，灌溉完毕后即刻充气防堵。第四，以色列不能大量使用饮用水灌溉，农民使用的水基本上是类似于我国中水的回收水，为防止回收水中较多杂质堵塞喷嘴，事先需要在回流罐中使用环保的物理方法沉淀杂质，并在管线中安装第二道过滤阀门。第五，精准的水肥供给技术。以色列灌溉系统全部采用水肥一体化，灌溉和施肥同时进行，已不是单纯的节水灌溉，其精准施肥是建立在精准了解水质/土壤养分和作物不同生长阶段需肥特点的基础上，实现节水灌溉和精准平衡施肥的统一。

精准滴灌技术带来的好处

事实证明，滴灌的效益是惊人的：一是节省了宝贵的水资源。传统的浇大田方式，85% 的水都白白蒸发没有被作物吸收，利用率极低，而地表滴灌可把水的利用率大幅提高到约 80%，地下滴灌则可提升到 95% 以上，基本上是不浪费地利用。二是节省人力成本。铺完管线以后，未来大量农田的灌溉将由少数几个农民通过智能设备来控制。通过智能手机中的灌溉应用程序，在任何时间、任何地点都可以浇灌作物，农民赤日炎炎辛苦挑水浇田的景象一去不返。

以色列面临的是世界上最严酷的自然条件，创造的却是世界一流的农业生产水平。可以说，以色列的农业是最有生命力的农业。我国西部地区有着与以色列相似的情况——沙漠、干旱和自然资源匮乏，以色列的成功经验值得我们借鉴。

话题四

每粒种子均有其位
——精密播种

“春种一粒粟，秋收万颗子”，这句诗出自唐朝宰相李绅的悯农诗之一。诗句以“春种”“秋收”概写农民的劳动。从“一粒粟”化为“万颗子”，形象地写出丰收的景象。农业耕作中最重要的环节就是播种，在适宜的农时内进行播种，按照农艺要求将种子播到土壤中，使种子能充分利用气候及地理条件发芽，保证后期的正常发育。播种适当与否直接影响作物的生长发育和产量，即使是风调雨顺，如果没有精心地播撒与培育种子，也不能获得秋天丰硕的收获。

长期以来，农作物播种环节主要存在的弊病在于用种量大和浪费严重两个方面，随着农业产品商品化进程的加快，农产品由过去的单纯产量型生产向着综合效益型转变，农民也越来越关注农业生产不同时期生产资料的价格，农业种植也逐渐走向科学化、现代化和合理化。现代精准农业的发展，促使整地技术、种子精选技术、农业机械装备技术的不断提高，在主要农作物中大面积应用精密播种技术已经成熟。精密播种技术一方面可以节省种量的使用，另一方面可以减少种子资源的浪费，这也让广大农民对其产生了强烈的技术渴求。

那么，精密播种技术还有什么特别讲究吗？现代农业技术能不能控制每粒种子都茁壮成长呢？下面我们从播种方法、播种技术、播种机械等不同方面来说说现代农业播种技术，为大家展示精准播种技术广阔的推广前景。

说说 农作物种植

种植是农作物栽培最重要的环节

农艺的工序主要包括耕地、整地、种植、管理和收获几个环节，种植是农作物栽培最重要的环节，良好的种植是保证出苗齐全和禾苗茁壮的基础。我国地域辽阔，农作物生产的环境、条件、种植方式等多种多样，而且南北方有着明显的差异。北方表现为旱地作业，以向土壤中播入规定量的种子为主要种植手段，而南方则表现为水田作业，种植方式主要是幼苗移栽。

小知识

播种的农艺要求

播种的农艺要求主要有四个方面：

（1）适时播种——合理的播种时间。

（2）适量播种——田间分布合理、均匀。

（3）合理的播种深度——均匀一致。

（4）播后镇压——保证种子吸收水分。

农作物种植方式

农作物种类繁多，不同的农作物种植方式也不尽相同。有的农作物种植方式为播种种子，例如谷物、玉米、豆类等都是如此；而水稻、蔬菜、棉花等农作物的种植方式则采用秧苗移栽；也有些农作物的种植方式是块根种植，如土豆、甘薯等；还有一种种植方式是插条栽植，甘蔗和树木等多采用此种方式完成种植。

按照不同的特点和用途进行分类，农作物播种方式主要有以下六种：

撒播

◆ 方法：将种子按要求的播量均匀撒布于地表。

◆ 特点：简单，效率高，分布不均匀，覆盖不好。

◆ 用途：牧草撒播、蔬菜撒播、飞机播种。

条播

- 方法：将种子按规定的行距、播深、播量成行播种。
- 特点：有一定的行距，分布比较均匀，发芽出苗较好。
- 用途：谷物播种，包括小麦、谷子等。用途比较广泛。

穴播

◆ 方法：将种子按规定的行距、株距、播深定点播入穴中。

◆ 特点：有一定的行距，株距分布均匀。

◆ 用途：中耕作物播种，包括玉米、棉花等。

精密播种

◆ 方法：将种子按精确的粒数、播深、间距播入土中，保证每穴种子粒数相等。

◆ 特点：有精确的行、株距，播种深度分布均匀，节约种子。

◆ 用途：玉米、棉花、小麦等。

铺膜播种

◆ 方法：在种床上铺上塑料薄膜，在铺膜前或铺膜后播种，幼苗长在膜外。

◆ 特点：保持土壤表层湿润，增加土壤积温，并能

改善光照条件。

◆ 用途：玉米、棉花、小麦等。

免耕播种

◆ 方法：在前茬作物收获后，土地不进行耕翻或很少进行耕翻，原有的茎秆、残茬覆盖在地面。在下茬作物播种时，用免耕播种机直接在茬地上播种。

◆ 特点：减少农民劳动强度，增强土壤蓄水保墒能力，改善土壤团粒结构，提高土壤肥力，增加作物产量。

◆用途：小麦、玉米、大豆、高粱等。

说说 农作物播种机械

播种机械化是实现农业机械化的重要环节

播种是农业生产过程中六大环节之一，播种机械化是农业机械化过程中最为复杂也是最为艰巨的工作。播种机械所面对的播种方式、作物种类和品种等变化繁多，这就需要播种机械有较强的适应性和能满足不同种植要求的工作性能。那么，农作物播种机械到底是什么呢？

早期，当一个农民播种时，他会从田的这头走到那头，边走边往地上抛撒一把一把的种子，这种被称为“撒播”的方法是非常靠不住的。有的地方会落下许多种子，而其他地方落下的种子则很少。解决这一问题的办法就是一排排地均匀撒种。如何才能够做到这一点呢？古代美索不达米亚人在大约公元前 3 500 年发明了第一台播种机，或者称撒种子机器。它是一个带有窄管的小箱，可以沿着犁开出的直沟撒播种子。

我国使用播种机的历史较为悠久，早在公元前 1 世纪，我国已推广使用耧，这是世界上最早的条播机具，至今仍在北方的旱作区应用。欧洲第一台播种机于 1636 年在希腊制成，而第一台真正高效率的播种机直到 1701 年才由英国农民发明家杰斯洛·图尔制造出来。图尔发现早期的播种机有个问题，就是它们不能均匀地撒播种子。种子本该呈直线撒播，但在种子播种线上却常常有缺漏。因此，图尔发明了一个弹簧机械装置，它可以均匀、连续地把种子撒播出去。1830 年，俄国人在畜力多铧犁上加装播种装置制成犁播机。英、美等国在 1860 年以后开始大量生产畜力谷物条播机。1958 年挪威出现第一台离心式播种机，自此，20 世纪 50 年代开始大量发展的各类型精密播种机，能精确控制播种量、穴（株）距和播深。20 世纪 70 年代开始发展的气力排种精密播种机，其排种器（气吸式、气压式或气吹式）利用正压或负压气流按一定的间隔排出一列种子，实现单粒精密穴播，与传统的机械式排种器相比，具有播量精确、不伤种子等特点。此外还有一种机械式精密排种器。为带施肥装置的悬挂式 6 行中耕作物播种机，能用于大豆、玉米和高粱等中耕作物的条播和穴播。

播种机都有哪些种类

播种机是以作物种子为播种对象的种植机械。用于某类或某种作物的播种机，常被冠以作物种类名称，如谷物条播机、玉米穴播机、棉花播种机、牧草撒播机等。农作物播种机械按照不同的形式有着不一样的划分：按照挂接形式划分，播种机可以分为牵引式播种机、悬挂式播种机、半悬挂式播种机；按照播种方法划分，播种机可以分为撒播机、条播机、点播机、精密播种机等；按照播种的作物划分，播种机可以分为谷物播种机、中耕作物播种机和通用播种机；而按照作业方式来划分，播种机可以分为单用途播种机、联合播种机和施肥播种机。

小知识

播种机的性能

播种机的主要性能指标包括播量稳定性、各行排量一致性、排种均匀性、播种均匀性、播深稳定性、种子破损率、穴粒数合格率、粒距合格率等内容。

不同类型的播种机在性能上都要达到以下几个方面的要求：

（1）播种量满足农艺要求，可提高适应性。

（2）播种的行、株距可调。

（3）播种深度一致，播深可调，随地仿形性能良好。

（4）保证种子与湿土接触，覆土镇压。

按照常见的播种方法分类，播种机通常分为撒播机、条播机、穴播机、精密播种机等几种类型。

撒播机 撒播机是使撒出的种子在播种地块上均匀分布的播种机，用来进行高质量、大面积、高效的播种作业，主要用于撒播草种、小麦、玉米、谷物、化肥等颗粒物，不受种粒大小限制，适用于农林牧区平坦耕地、草场、坡地、丘陵等不同条件地区的地表作业。常用的撒播机机型为离心式撒播机，附装在农用运输车后部，由种子箱和撒播轮构成。

条播机 条播机主要用于谷物、蔬菜、牧草等小粒种子的播种作业，常用的有谷物条播机。作业时，由行走轮带动排种轮旋转，种子箱内的种子被按要求的播种量排入输种管，并经开沟器落入开好的沟槽内，然后由覆土镇压装置将种子覆盖压

实。出苗后，作物成平行等距的条行。不同作物的条播机除采用不同类型的排种器和开沟器外，其结构基本相同，一般由机架、牵引或悬挂装置、种子箱、排种器、传动装置、输种管、开沟器、划行器、行走轮和覆土镇压装置等组成。其中影响播种质量的主要是排种装置和开沟器。

穴播机 穴播机是按一定行距和穴距，将种子成穴播种的种植机械。每穴可播一粒或数粒种子，分别称单粒精播或多粒穴播，主要用于玉米、棉花、甜菜、向日葵、豆类等中耕作物，又称中耕作物播种机。每个播种机单体可完成开沟、排种、覆土、镇压等整个作业过程。

精密播种机 精密播种机是以精确的播种量、株行距和深度进行播种的机械，具有节省种子、免除出苗后的间苗作业、

使每株作物的营养面积均匀等优点，多为单粒穴播和精确控制每穴粒数的多粒穴播，一般是在穴播机各类排种器的基础上改进而成。

农业机械的快速发展改变了农民的劳作方式

随着新兴农业信息技术和机械制造技术的发展与进步，农业播种机械也在与时俱进地发展着。精密播种机将更广泛地应用于玉米、甜菜、棉花、豆类和某些蔬菜作物。排种器零件的制造精度将不断提高，并更多地采用可以在发生异常情况下及时发出报警信号的电子监视装置。大功率拖拉机的发展增加了播种机的工作幅宽和作业速度，也改善了高速作业下的播种质量。同时，各种联合作业机和免耕播种机也在继续发展，对不同种子、播量、株距以及各种土壤和地面条件的通用性和适应性正进一步扩大。

农业机械的快速发展和精密播种技术的应用推广，正在逐步改变农民的观念，使其开始认识到精密播种所带来的好处，并使得越来越多的农民要求购买和使用农业播种机械。农业机械的应用推广正在广泛地改善我国现阶段农民的播种方式和手段，是提高农业竞争力、增加农民收入和确保粮食安全的重要措施，对加快农业现代化和新农村建设正发挥着越来越大的重要作用。

说说 播种机是怎么工作的

播种机的工作流程

前面介绍了不同类型的播种机，它们的外形、结构、工作方式看上去好像区别很大，那么它们都是怎么工作的呢？通常来说，播种机的工作流程是：开沟→排种→输种→覆土→镇压，其中最重要的工作环节就是开沟和排种。想要弄明白播种机具体是怎么工作的，首先就要了解播种机的构成部件。尽管播种机的类型很多，结构形式也不尽相同，但其基本构成是相同的。下图展示了播种机的主要构成部件。

播种机是由哪些部件组成的

从下面播种机的构成图中可以看出，播种机由机架、传动装置、种肥箱、排种器、行走装置、开沟器、覆土器、镇压器等装置构成，其中播种机的主要工作部件是排种器和开沟器，其他部件均为辅助工作部件。

排种器 对于任何一种播种机来说，其核心都是排种器，它是决定播种机工作质量和工作性能优劣的重要因素。播种机能否满足农业技术的要求或满足程度如何，在很大程度上取决于排种器的工作状况。排种器可谓播种机的“心脏”，通常配置在种子箱的底部或侧壁式箱内。

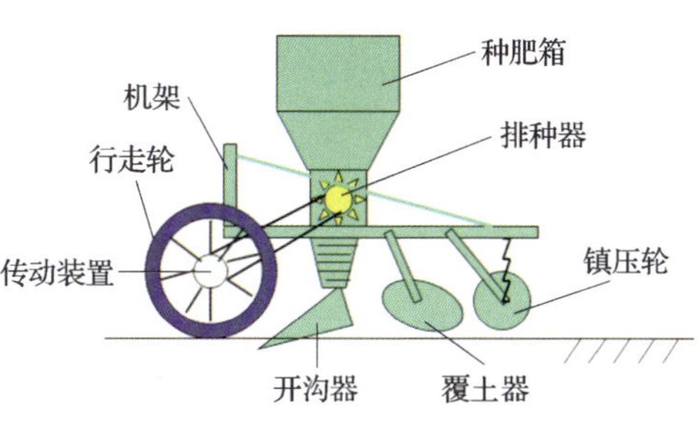

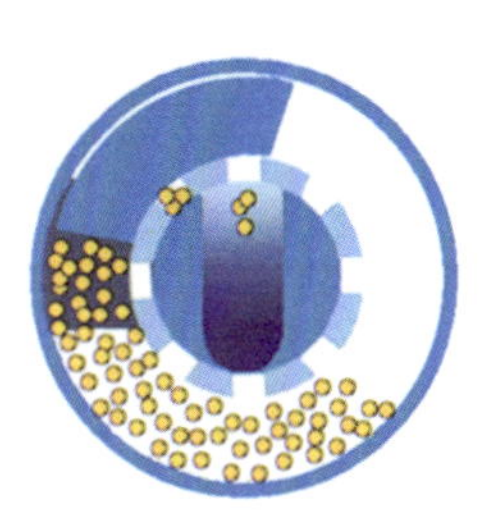

上图展示了排种器的工作原理和实物图片。从排种器的工作原理图中可以看出，排种器每次从种子中机械地挑选3粒种子，同时将选出的种子排送到输种装置当中，就可以实现每穴3粒种子的种植方式，对排种器进行不同情况的设置，可以在输种装置中获得不同的种子粒数。排种器的工艺实质就是通过排种器对种子的作用，将种子由群体化为个体，化为均匀的种子流或连续的单粒种子。对排种器的主要技术要求就是播种量稳定、排种均匀、不损伤种子、通用性好且使用范围大、调整方便和工作可靠。

开沟器 开沟器的主要作用是在土地里开出一定深度的沟槽，通过连接在开沟器后端的导种管，将种子投入开出的沟槽中。开沟器工作工程要求开沟直，开沟深度符合要求且稳定（深浅一致、深度可调），自行覆土，不乱土层，入土性能好，不粘土，不缠草，而且开沟阻力小。

在播种机工作的过程当中，为了使其更好地适应不同农业播种环境的需求，使用前需要对播种行距、开沟深度和播种量分别进行调整。根据农艺要求，通过对播种行距的调整来确定播种作业行数；通过对开沟深度的调整来确定播种深度；通过对播种量的调整来确定播种种子数量。完成了播种前的调整，播种机就能够按照既定的工作流程，完成作物种子的播种工作了。

说说 国内外精密播种技术

什么是精密播种技术

精密播种技术是指将定量合格的种子播种到合格土壤上的预定位置，即由行距、株距和播深组成的三维空间坐标位置，为种子的发芽出苗创造最佳环境，以达到增收节支的目的。

我国农作物的主要播种方式

我国农作物的主要播种方式以条播、穴播为主，部分地区使用精密播种，较多的是以小四轮拖拉机配套的播种机。随着农业产业化步伐的加快，与大中型拖拉机配套的谷物播种机、精密播种机、耕播联合作业机的数量正逐步扩大。种植业机械化水平近几年有了较大提高，2012 年完成机耕、机播、机收面积分别为 16 亿亩、10.9 亿亩和 9.9 亿亩，机械化水平分别达到 74.1%、47.3% 和 44.4%，我国农业机械化的发展由初级阶段跨入中级阶段。小麦、水稻、玉米等重点作物关键环节的生产机械化程度加快突破，其中，小麦已基本实现全程机械化，2012 年小麦耕种收综合机械化水平已达 93.2%；水稻机插和机械化收获发展较快，水稻机械种植水平达到 31.6%；玉米机械化收获在山东、河北等省取得重大进展，机收水平达到 42.4%；油菜生产机械化开始重点推进，大豆、马铃薯、花生、棉花等经济作物和设施农业、畜牧养殖业、林果业生产机械化取得新进展。

国家对于种植业播种技术推广项目非常重视。玉米种植以穴播为主，少数地区采用机械式或气力式精密播种，为提高产量也大力推广玉米覆膜播种。小麦种植大多数地区仍是条播，近几年推广小麦精少量播种取得了很好的效果。棉花基本上是覆膜播种。我国新疆推广地膜植棉已达棉花种植面积的 85% 以上，其中机械覆膜占 80%，有效地促进了棉花覆膜技术的推广。

一些发达国家农作物采用机械化播种

美国、德国、法国、意大利、加拿大等国家，玉米、小麦、大豆、棉花等作物的播种早已实现了机械化作业。近几年产品向大型、宽幅、精密播种、高速作业、免耕播种、联合作业、提高机具的生产率与作业质量方面发展。随着大功率拖拉机的发展，电子、液压、气力技术在种植机械上已广泛应用，并使机具在结构、工艺、功能上都有显著提高。如法国布朗科特公司推出一种电子控制播种机，该机用电脑控制电机，以调整转速、播种株距和行距，并能准确掌握行驶路线、播种面积和播种量。

为了实现高质高效，要求播种机有较高的自动操作系统与监控系统，播种机工作有无漏播、种箱肥箱盛种程度都需要采用电子监控。开沟器和划行器采用液压系统升降；变速箱播量调节装置，简单方便，调节范围大；行走轮采用低压轮胎减震装置；镇压轮防粘脱泥；液压驱动风机及气力播种机已广泛应用。排种部件采用新材料精密压铸，提高了工艺性，降低了生产成本，塑料防腐零部件也日益增多。

新的播种技术

目前国外正在发展一些新的播种技术，如日本提出适合蔬菜的静电播种，英国提出适合蔬菜的液体播种，适合牧草的超音速播种，还有目前广泛应用的种子带播种等。液压等新技术在国外播种机的应用也日益广泛。

我国推广精密播种技术的理由

可以降低生产成本　随着经济的发展，农产品实现了商品化。农业生产者在进行粮食生产的过程中，既要考虑农作物产品的产量和价格，也要考虑降低生产成本。通过价值工程分析，在农业生产中实行精密播种，减少播种环节的用种量，是降低生产成本的重要途径之一。由于投种量的大小是由单位面积保苗株数决定的，在保证单位面积内保苗株数的基础上，通过改善种子发芽、生长条件，提高每粒种子生长的可靠性，可以大大减少用种量。因此，实行精密播种是降低生产成本最直接、最有效的办法。

可以提高农民的认识 过去传统的观念认为“有钱买种，没钱买苗”，意思是可以花钱多买种子，以得到全苗，如果下种量少了，没有出齐苗，花钱也买不到苗。目前这种传统观念已随着农业生产手段的进步正在逐渐改变。据调查，在机械化水平较高的地区已有70%的农户实行精密播种，在机械化水平一般的地区农民对精密播种也有了一定的认识。

可以增加粮食的产量 由于精密播种是等距点播，在株距、行距、播深方面都能准确地定位，从而有利于改善作物生长的环境，对培养壮苗、提高作物产量有着积极的作用。

说说 玉米的精密播种技术

为什么我国玉米产量难以提高

限制我国玉米产量提高的因素主要有两个方面，一方面是玉米的良种开发，另一方面就是播种方式。玉米良种培育较为困难，因此现阶段提高玉米产量的主要方式就是改变玉米的播种方式。一般农民受传统播种观念的束缚，为了保证正常的生长密度，常采用每穴 2 ～ 3 粒或半株距播种的传统方式，用种量是常规播种方式的 2 ～ 3 倍。常规播种一般播种量大，同时出苗后存在严重的挤苗现象，不利于间苗及培育壮苗。无论是多粒穴播还是半株距播种，在间苗前待拔苗时一直和待留苗争水、争肥、争光，造成资源浪费，也不利于后期植株的生长。另外，采用传统播种方式播种的玉米，在后期的田间管理上，还要增加间苗农艺过程。间苗不但增加了农民的劳动投入，还由于在拔出淘汰苗的同时破坏欲留苗的根系和根系周围的土壤结构，影响玉米的正常生长，在增加生产成本的同时，影响到玉米的产量提高和质量提升。

玉米精密播种是提高玉米产量的重要措施

玉米精密播种具有省种、省工、省时、高产、经济等诸多优点，也是保苗壮苗的重要措施，是增产的前提。因此，生产上在选择优良种子的同时，创造种子发芽出苗的优良土壤环境，采用精密播种技术，实现一次播种保全苗，达到苗齐、苗壮是提高玉米产量的重要措施。

怎样实现玉米精密播种

玉米精密播种技术包括规划、挖沟、选种、排种和覆土等不同的步骤。

在进行玉米精密播种前，首先需要按照土壤的肥力、墒情、平整情况等信息进行播种的统一规划。采用变量播种技术可以有效提高播种的精度和准确性，尤其是在梯田和陡坡地形上可以大量节约播种量并提高农田的单位产出，下图展示了精密播种前播种的数据规划和按照规划图进行播种的内容。

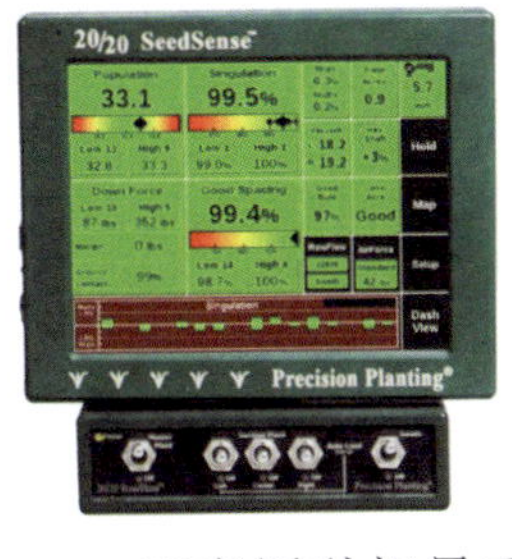

玉米播种机最重要的部件是排种装置，玉米播种的选种、排种环节都在这里实现。如下图所示，玉米的选种环节需要将玉米种子从种子存放设备中按粒取出并放置于种子安置孔中。在这个过程中，既需要保证种子不到处乱蹦，又要保证每粒种子占据一个位置，它需要现代控制技术、信息技术和机械技术进行有效结合。

种子选择

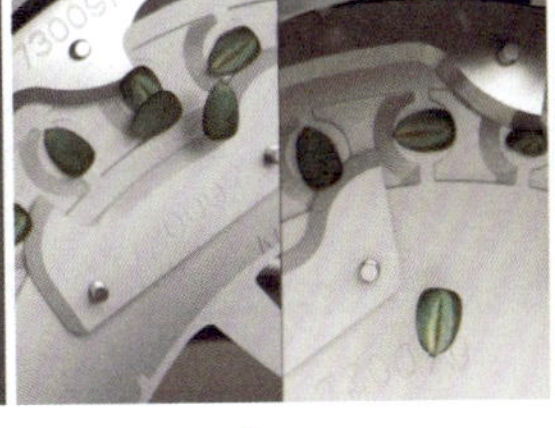

种子放入

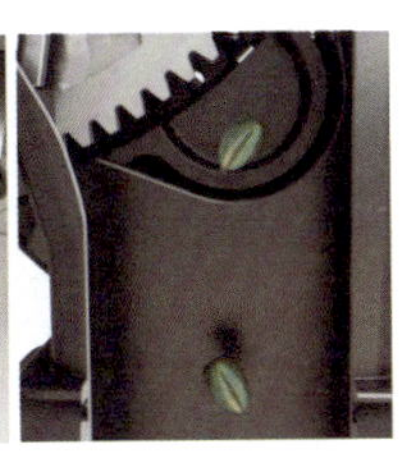

种子播出

在玉米播种的排种环节，为了有效节省播种成本，提高种子发芽率，玉米精密播种常采用单粒点播的方式开展。下图展示了播种机排种装置从种子放入、设置播种粒数和间隔、播种不同阶段的情况。

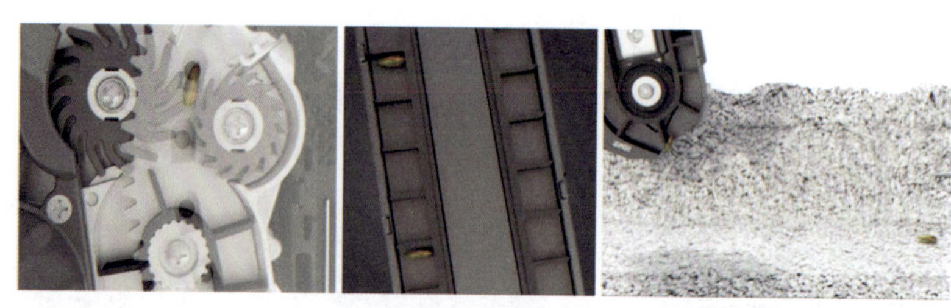
种子放入　　播种间距设置　　单粒穴播排种

玉米精密播种的时候，种子的播种深度决定其是否具有健康的根系系统和茁壮的地面植株成长情况，由于不同地块土壤的坚硬程度并不相同，因此播种的时候需要在不同行播种所花的力气也不相同，需要在机器中分别进行控制，如下图所示。

个别行控制

当设置了合适的玉米种子播种深度后，在播种过程中，如果播种机播种时用力过猛会导致地面过于夯实而不利于玉米出苗；如果播种机播种时用力过小，深度过浅则会导致种子过于接近表面而不利于植株生长。只有按照不同的土壤情况设置合适的播种力气才能创造一个恰到好处的种子环境，并实现玉米的最高产量，如下图所示。

最终，经过精密播种的地块长出来的玉米植株就像下图所示一样，有着基本相同的间距和生长情况，非常便于在将来使用其他的精准农业机械开展灌溉、施肥、用药和收割等作业的操作。

近年来，玉米产区农民对玉米精密播种机械化的认识逐步提高，其产品的性能将直接影响农民对玉米精密播种技术推广应用的积极性。因此，政府部门应加强玉米精密播种技术和播种机械的应用推广和监督，一方面可以提高农民利益，另一方

面能够规范企业，并有力促进玉米精密播种技术可靠、高效地应用于农业生产当中。

说说 水稻的精密种植技术

我国发展水稻精密种植技术的重要意义

水稻是我国三大粮食作物之一，常年种植面积约 3 000 万公顷，占我国粮食生产面积的 27%，在我国粮食生产中占有十分重要的地位。发展水稻精密种植技术对减轻劳动强度、提高劳动生产率、增强抗灾能力、确保稳产丰产和保障国家粮食安全具有重要的意义。

目前，我国的水稻种植方式主要有直播和移栽两种。直播分为人工撒播、机械直播和飞机直播等，移栽分为人工移栽和机械移栽，机械移栽主要包括机插秧、机抛秧和钵体苗移栽三类（见左表）。尽管直播具有节本增效、不占秧田和投入产出高等优点，但是，由于直播出苗受环境条件影响大和成熟期等限制，在我

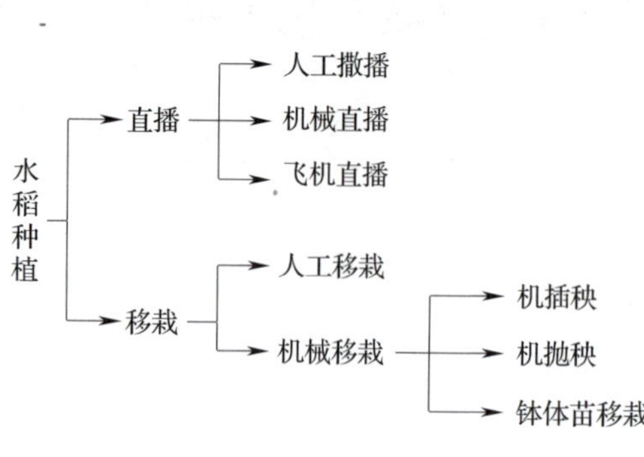

国只有部分地区适用。随着水稻种植机械化的发展，我国大部分地区主要采用水稻机械移栽，尤其是机插秧作为发展水稻种植机械化的主推技术，其主体地位也得到了进一步的确立。

水稻精密种植需实现机械化

当前，水稻精密种植技术主要表现在水稻的育秧机械化、插秧机械化和钵体苗栽植机械化三个方面。按照播种环节的不同，水稻种植机械可以分为水稻育苗机械、水稻直播机械、水稻插秧机械和水稻钵体苗移栽机械四大类，包括了旱直播机、水直播机、拔洗苗插秧机、带土苗插秧机、水稻摆秧机、水稻抛秧机和水稻钵苗行栽机等不同的播种机械。

水稻育苗机械 水稻机械化育插秧技术是水稻精密种植技术的核心，其中育秧技术是实现农机农艺融合的关键。目前，我国水稻机械化育插秧技术主要采用秧盘育秧方式，包括工厂化育秧和田间育秧两种形式。其中，在我国南方主要采用田间育秧技术及其装备，北方主要采用工厂化育秧技术及装备。下图展示了不同的水稻育苗机械。

全自动水稻播种育秧流水线

工厂化水稻育秧苗床

水稻插秧机械 机插秧是我国水稻精密种植的主攻方向，主要的研究装备就是水稻插秧机械。我国是世界上较早研制插秧机的国家，1967 年推出了我国自行研制的第一台东风 -2S 型自走式机动水稻插秧机，但由于各种原因，该插秧机并未得到普遍推广。目前，我国生产和使用的插秧机，按操作方式分类，主要有步进式和乘坐式两大类，乘坐式又分为独轮乘坐式和四轮乘坐式两种；按插秧速度分类，主要有普通插秧机和高速插秧机。下图展示了一些常见的插秧机械。

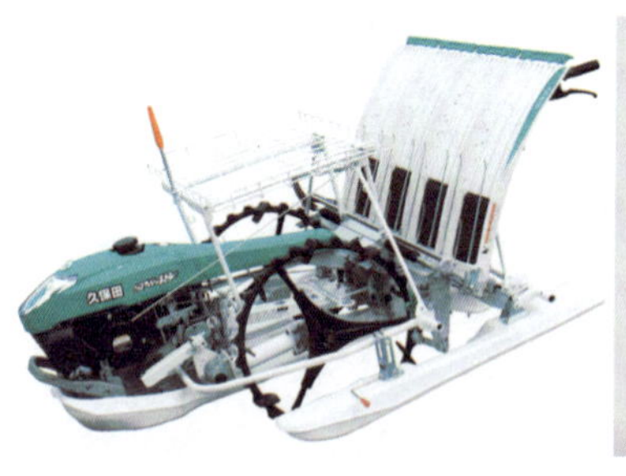

久保田 SPW-48C 手扶插秧机

谷王 2ZGQ-6 水稻插秧机

洋马 VP6 水稻插秧机

东洋 PF455S 水稻插秧机

水稻钵体苗移栽机械 国外最早研究和使用钵体苗栽植机的国家是日本，后来有印度、韩国和尼日利亚等国；我国从 20 世纪 80 年代初开始研究钵体苗机械栽植技术，“九五”期间这一技术曾被列为国家重点推广项目。通常按是否能自动输送秧苗分类，现有的钵体苗栽植机械主要有两类：一类是人工取苗放入抛秧装置和导苗管实现钵苗移栽；另一类是整盘秧苗由自动输秧机构输送，再由导苗装置分行栽植或专用栽植机构栽插。下图是水稻钵体苗移栽机械工作图。

水稻钵体苗移栽机械工作图

通过上述对水稻精密播种机械的介绍，我们了解到实现水稻精密播种技术需要经过播种、育秧和插秧几个阶段。下图以久保田播种机械为例展示了水稻精密播种不同阶段的主要工作内容。

说说 棉花的机械化种植管理

棉花机械化种植的重要性

棉花的生育期长，栽培过程复杂，田间管理技术要求高，用工多，且易遭病、虫、草和不利气候条件的袭扰，通过机械化栽培，可提高劳动生产率，保证农时和作业质量，减轻劳动强度，降低生产成本。

实现棉田机械化种植的途径

棉田机械作业要有适于棉花播种（或栽植），尤其是中、后期田间管理和收花作业的机械。棉花的机械化种植管理主要包括棉田机械化耕地和整地、机械化播种、机械化田间管理、机械化施药作业以及机械化收获等几个方面。

棉田机械化耕地和整地 可达到人力、畜力难以达到的质量（如耕地深度等），并可多工序联合作业，大大提高工效和作业质量，做到不误农时。使用的机具有犁、深松土犁、耙、耱、镇压器开沟机、起垄机、筑畦机等，中国南方棉区间套绿肥的棉田，还有翻压绿肥的埋青机等。

机械化播种 具有下子均匀、播深一致、覆土良好、镇压适度等优点。各道工序能一次完成，不仅工效高，且能较好地保蓄土壤水分，因而出苗率显著高于人力、畜力农具播种。棉花采用机械化播种技术，除节省种子外，还可减少出苗后间、定苗的工作量。有的播种机还配有施种肥、杀虫剂、喷除草剂、覆盖地膜以及下子情况和播种进程监视系统装置，可联合进行多种作业，并进一步保证和提高棉花播种质量。为便于以后的田间管理和收花机械化作业，播种时要求播行端直，行距一致，地头整齐。

机械化田间管理 主要是中耕除草、施肥、施药等作业机械化。行间中耕（松土、除草、灭茬等）、追肥、培土多使用锄铲式或旋耕式中耕机，苗期株旁松土除草，多使用旋耕锄、弹齿除草耙;中耕机架上装置除蜡剂喷洒装置，也可消灭株旁幼草。为了保证和提高机械中耕作业质量，并为以后机器收花创造良好条件，棉田应有相当的长度，而且地面平坦，无宽、深的横垄沟和积水洼坑等障碍；作业时，棉行两旁应留有适当宽度的护苗带，使用单翼铲。圆盘或板式护苗器、护罩，操作时应掌握适宜的耕深和行进速度。

机械化施药作业 工效高，可在短期内控制害虫的发生和蔓延,并改善劳动条件。棉田喷药,可采用常规喷雾、喷粉、弥雾、联合喷粉喷雾等方式，分地面喷药和飞机喷药两大类。地面喷药机械又有用人力（背负或担架等）、机动、拖拉机或自走机器配带等类型。为使药剂能均匀地喷附于棉株的相关部位，拖拉机或自走机器配带的常规喷雾机，常配用由几个喷头围喷一行棉株的吊杆式喷雾装置。喷药时，需视所使用的药剂、地块大小和连片程度，以及当时的气象、植株等情况，选用适当类型的机具。同时要选择在三四级风以下天气进行作业，注意安全，严格掌握药液配制浓度与施药量，防止漏喷、重喷和滴漏。

机械化收获 大面积棉田在棉花吐絮成熟时，可利用收花机进行采收。

话题五

施肥用药全自动
——变量施肥

自20世纪90年代以来，精准农业在世界上，特别是在一些发达国家发展得很快，一方面是由于计算机和信息科学技术的发展为精准农业奠定了坚实的基础，另一方面是对节约资源和保护环境的重视又进一步推动了精准农业的发展。

目前，精准农业已涉及施肥、植物保护、精量播种、作物病虫害防治、杂草防除和水分管理等农业生产的多个环节，其中以在施肥上的应用最为成熟。从应用的广泛性上讲，又以精准农业土壤养分信息化管理系统和自动变量施肥技术最为成熟。因此可以说，精准农业的核心技术是变量施肥技术。

说说 什么是变量施肥

我国在施肥方面存在的问题

我国在施肥方面存在的主要问题有：

◆ 肥利用率低。

◆ 氮、磷、钾及微量元素比例失调，大面积施肥方法简单。

◆ 农业环境污染严重。

什么是变量施肥技术

变量施肥是精准农业变量施肥技术的简称（也叫精准施肥），它是以不同田块的产量数据与土壤情况、病虫草害、气候等多项数据的综合分析为依据，以作物生长规律、作物营养专家系统为支持，以高产、优质、环保为目的的施肥技术。提倡根据种植的作物和土壤情况，进行氮、磷、钾和有机肥的合理配方，使得肥料的施放能够适应特定的土壤，从根本上改变了传统农业大面积、大样本平均投入的资源浪费做法，对作物栽培管理实施定位，按需变量投入。

精准变量施肥技术的作用

精准变量施肥不仅能大大提高肥料的利用率，降低生产成本，增加农民收入，而且还可减少多余肥料对环境的不良影响。据实际测算，变量施肥对农作物增产的贡献率可达到40% ~ 60%。

具体地讲，变量施肥是根据作物生长的土壤性状，分析作物的需肥规律，调节肥料的投入，充分利用土壤生产力，以最少的肥料投入达到更高的收入，从而提高化肥利用率，改善农田环境，增加农业种植效益。众所周知，我国目前的化肥当季利用率较低，实施精准施肥，按科学的方法种田，将会大大节省化肥用量，减少农业投入，增加种植效益。

实现精准变量施肥有哪些技术方法

变量施肥的主要技术要点是采集和分析土壤养分，研究土壤施肥增产效应，拟订作物目标产量和需肥比例，配制肥料，确定施肥时期、地点和施用量，记载作物生长及产量变化情况。

要实现变量施肥，首先要完成相关数据的采集，包括：①作物营养数据。作物营养数据的采集可通过遥感技术和地面分析相结合，获得生长期作物养分情况。②土壤养分数据。对于长期相对稳定的土壤参数，比如土壤质地、地形、地貌、微量元素含量等，可一次分析长期受益或多年后再对这些参数做检测，也可引用以往土壤普查数据做参考。对于土壤氮磷钾含量、酸碱度、有机质、微量元素、土壤水分含量等变化较大的参数，可以配合全球定位系统进行土壤取样，并利用计算机进行分析。③作物产量数据。土壤养分在线实时检测技术目前还未应用于生产实际，因而采集作物产量数据就成为变量施肥决策分析的主要依据之一。目前有专门的仪器用来采集产量数据并将数据传输到计算机内。

数据采集完成后，可以将数据输入到计算机中进行分析，生成粮食产量分布图、粮食水分分布图、田间海拔高度分布图等，根据计算机决策分析后的电子地图提供的处方施肥信息结合全球定位系统，就能够实现对田地中肥料的撒施量进行定位调控，从而实现变量施肥。

说说 变量施肥机的功能

化肥施用不当造成的环境污染，已经引起有关国家和政府部门的关注，目前我国急需采取有效措施改变这一状况。变量施肥技术是精确农业的重要组成部分，是解决这一问题的有效手段。1994 年，美国明尼苏达大学在汉斯卡农场首先实现了精确农业中的变量施肥技术，完成了因土壤、作物、时间变化的按需施肥，取得了显著的经济和环境效益。

随着全球定位系统（GPS）技术的普及与推广，农业机械进行田间作业时，在 GPS 的帮助下能够准确实时地获得其所在作业位置的地理坐标，对土壤实施定点管理成为一项比较成熟的技术逐渐获得推广与使用。这一系统在作物生长阶段的管理就是应用变量机械施肥，施肥机械在控制系统的作用下根据事先生成的施肥处方图进行施肥，自动实现在土壤养分低缺的地方多施肥，在土壤养分高的地方减少施肥，在不需要施肥的地方停止施肥。化肥在施用过程中不但要数量精确，而且施肥的位置也要准确。

带 GPS 的自动施肥机

上图是一台装备了全球定位系统（GPS）的自动变量施肥机，它能够根据地块的不同要求，有针对性地撒施不同配方及不同量的混合肥。其工作原理是：田间各区块所需肥料的比率及单位面积施用量，都已经事先编程存入计算机，施肥机在田间移动时，通过全球定位系统（GPS）获取田间当前位置信息，控制撒播施肥量，从而实现田间各区块精确的化肥施放。由于 GPS 的精度最高可达到米级，因此带有 GPS 的变量施肥机理论上可实现最小每平方米范围内的精确肥料施放，从而极大地提高了施肥的精确度，提高了肥料的使用效率。

说说 测土配方施肥

测土配方施肥就是农业专家为耕地看病开方下药

人们去医院看病时，医生会通过各种仪器设备为病人做不同的检查化验，然后根据检查结果做出诊断，最后针对病情开出药方，病人按医生嘱咐按时吃药并治愈疾病。

测土配方施肥就是农业专家为耕地看病开方下药，根据土地的实际情况进行精确施肥，以提高作物的土地出产量，改善作物的生长水平。我们所说的测土配方施肥就是国际上通称的平衡施肥，这项技术是联合国在全世界推行的先进农业技术。概括来说，一是测土，取土样测定土壤养分含量；二是配方，经过对土壤的养分诊断，按照庄稼需要的营养“开出药方，按方配药”；三是合理施肥，就是在农业科技人员的指导下科学施用配方肥。

怎样才能做到科学施用配方肥

这就要从农作物、土壤、肥料三者的关系谈起。农作物生长的根基在土壤，植物养分的 60% ~ 70% 是从土壤中吸收的。土壤中的养分种类很多，主要分为三类：第一类是土壤里含量相对较少，农作物吸收利用较多的氮、磷、钾，叫作大量元素；第二类是土壤含量相对较多可是农作物需要却较少，如硅、硫、铁、钙、镁等，叫作中量元素；第三类是土壤里含量很少，农作物需要的也很少，主要是铜、硼、锰、锌、钼等，叫作微量元素。土壤中包含的这些营养元素，都是农作物生长发育所必需的。当土壤营养供应不足时，就要靠施肥来补充，以达到供肥和农作物需肥的平衡。

测土是在对土壤做出诊断，分析作物需肥规律，掌握土壤供肥和肥料释放相关条件变化特点的基础上，确定施用肥料的种类，配比肥用量，按方配肥。因为农家肥中含有大量的有机质，可以增加土壤团粒结构，改善土壤水、肥、气、热状况，不仅能补充土壤中含量不足的氮、磷、钾三大元素，还可以补充土壤中各种中、微量元素。实践证明，农家肥和化肥配合施用，可以提高化肥利用率 5% ~ 10%。

通过施肥提高作物产量和肥料利用率取决于三个方面：一是肥料的种类，二是施肥总量，三是施肥方法。在肥料种类正确的情况下，肥料应用的合理性 60% 取决于施肥总量，40% 取决于施肥方法。测土配方施肥对决定施肥总量是较为成熟的，但施肥的合理性还取决于施肥方法，包括施肥方式、施肥时间等因素。

测土配方施肥是一项较复杂的技术，农民掌握起来不容易，只有把该技术物化后，才能够真正实现该项技术的普及，即提供测、配、产、供、施一条龙服务，由专业部门进行测土、配方，由化肥企业按配方进行生产并供给农民，再由农业技术人员指导科学施用配方肥。简单地说，就是农民直接买配方肥，再按具体方案施用。这样，就把一项复杂的技术变成了一件简单的事情，这项技术才能真正应用到农业生产中去，才能发挥出它应有的作用。

说说 农业部测土配方施肥项目

农业部大力推广应用测土配方施肥技术

我国农业部从 2005 年启动测土配方施肥项目，仅 2005—

2008年三年就累计安排中央财政补贴资金16亿元，在全国1 200个县推广应用测土配方施肥技术。实践证明，实施测土配方施肥是转变农业发展方式的一个重要措施，对促进农业节本增效、改善农产品品质、推动农业可持续发展和农村节能减排等都发挥着十分重要的积极作用。

测土配方施肥项目是怎样进行的

农业部测土配方施肥项目是按照“增加产量、提高效益、保护环境”的要求，逐步扩大测土配方施肥的实施面积，同时扩展测土配方施肥覆盖的作物，目标是做到“科学、经济、环保”用肥。农业部推进全国测土配方施肥的具体要求是：第一，在测土配方施肥的技术体系方面，加快粮食作物、经济作物、园艺作物施肥的指标体系。第二，创新推广机制，采取常规的技术培训和咨询。同时要求普遍建立测土配方施肥的展示片、示范区，通过展示和示范带动农民，引导和帮助农民应用测土配方施肥技术。同时，对种粮大户和农民的一些专业合作组织、科技示范户开展一对一服务，满足农民个性化的需求。

农业部还向企业免费提供测土配方施肥的配方信息，引导肥料生产企业按配方进行生产、供肥。同时引导和支持企业开展建立适应中国国情的农化服务体系，对生产配方肥的企业，在肥料登记、信息服务、技术培训等方面提供帮助。

为了更好地实施项目，农业部专门设立了测土配方施肥工作办公室，成立了农业部测土配方施肥技术专家组，强化了行政推动和技术指导相结合的工作机制。地方各级党委政府对测土配方施肥也给予了高度重视，相继成立了领导小组，组建了工作组和专家组，为推进测土配方施肥提供了组织保障。下图为吉林省农业科技人员正在采集土壤样本进行测土配方施肥工作。

话题六

节约用水去灌溉
——智能灌溉

说说 什么是智能灌溉

你知道什么是智能灌溉吗

所谓智能灌溉，就是在灌溉过程中，不需要人的控制，由计算机控制系统自动感测并决定什么时候需要灌溉、灌溉多长时间，系统可以自动开启灌溉，也可以自动停止灌溉；可以实现土壤太干时增大灌溉量，太湿时减少灌溉量。

智能灌溉系统包括哪些技术

智能灌溉系统涉及传感器技术、自动控制技术、计算机技术、无线通信技术等多种高新技术，这些新技术的应用使我国的农业由传统的劳动密集型向技术密集型转变奠定了重要的基础。

智能灌溉系统可以根据植物和土壤种类、光照数量来优化用水量，还可以在雨后监控土壤的湿度。有研究显示，智能灌溉系统的成本和传统灌溉系统相比差不多，却可节水16% ~ 30%。

智能灌溉技术对我国农业灌溉的重要意义

干旱缺水已成为我国农业稳定发展和粮食安全供给的主要制约因素。其次是城市缺水。全国 670 个城市中，有 400 多个城市不同程度地缺水，水量约 60 亿米^3，因缺水影响工业产值 2 000 多亿元。我国城市生活用水一方面紧缺，另一方面浪费也十分严重。到 21 世纪中叶，我国人口将增加到 16 亿人，灌溉面积发展到 6 333 万米^2，人口城市化率将从目前的 28.7% 增至 56% 左右，经济将达到世界中等发达国家水平，水的供给将成为整个经济社会发展的重要制约因素。

我国农业用水量约占总用水量的 80% 左右，由于农业灌溉效率普遍低下，水的利用率仅为 45%，而水资源利用率高的国家已达 70% ~ 80%。因而，解决农业灌溉用水的问题，对于缓解水资源的紧缺是非常重要的，智能灌溉系统在这种背景下应运而生。

智能灌溉系统是怎样工作的

智能灌溉系统工作时，湿度传感器采集土壤里的干湿度信号，输入到计算机系统当中。计算机系统内预先设定 50% ~ 60% 的相对湿度为标准湿度值，实际测得的湿度信号与

50% ~ 60% 的相对湿度比较，可以分为在这个范围内、超出这个范围、小于这个范围三种情况。计算机系统将控制信号传给变频器，变频器根据湿度值，相应地调节电动机的转速，电动机带动水泵从水源抽水，需要灌溉时，电磁阀就自动开启，通过主管道和支管道为喷头输水，喷头以各自的旋转角度自动旋转。灌溉结束时，电磁阀自动关闭。为了避免离水源远的喷头不能被供给足够的压力，在电磁阀的一侧安装一块压力表，保证各喷头的水压满足设定的喷灌射程，避免发生因为水压不足，喷头射程减少的现象。整个系统协调工作，实现对灌溉的智能控制。

智能灌溉系统是我国发展高效农业和精细农业的必由之路

灌溉系统自动化的水平较低是制约我国高效农业发展的主要原因。以色列、日本、美国等一些国家已采用先进的节水灌溉制度，由传统的充分灌溉向非充分灌溉发展，对灌区用水进行监测预报，实行动态管理；采用传感器来监测土壤的墒情和农作物的生长，实现水管理的自动化。高效农业和精细农业要求我们必须提高水资源的利用率。要真正实现水资源的高效，仅凭单项节水灌溉技术是不可能解决的，必须将水源开发、输配水、灌水技术和降雨、蒸发、土壤墒情和农作物需水需肥规律等方面统一考虑，做到降雨、灌溉水、土壤水和地下水联合调用，实现按期、按需、按量自动供水。

智能灌溉系统不仅可以提高水资源利用率，缓解水资源日趋紧张的矛盾，还可以增加农作物的产量，降低农产品的成本。基于物联网技术的智能灌溉系统是中国发展高效农业和精细农业的必由之路。

说说 智能灌溉系统的分类与技术

智能灌溉系统都有哪些种类

自动灌溉技术在发达国家，特别是有大面积种植或缺水地区，已有广泛使用。它按灌溉方式分为地面灌、喷灌（喷洒灌溉）和微灌等，而微灌又分为滴灌、微喷灌、涌泉灌和地下渗灌。灌溉系统自动化是世界先进国家发展高效农业的重要手段，而我国目前的灌溉系统自动化的水平较低，这也是制约我国高效农业发展的主要原因。

自动化灌溉系统分为全自动化灌溉系统和半自动化灌溉系统。全自动化灌溉系统不需要人直接参与，通过预先编制好的控制程序和根据反映作物需水的某些参量，可以长时间地自动启闭水泵和自动按一定的轮灌顺序进行灌溉。人的作用只是调整控制程序和检修控制设备。半自动化灌溉系统在田间并不安装传感器，灌水时间、灌水量和灌溉周期等均是根据预先编制的程序而不是根据作物的土壤水分及气象状况的反馈信息来控制的。

几种常见的智能灌溉系统

太阳能灌溉系统 以太阳能启动地下水或溪涧来进行灌溉。太阳能板提供电泵的动力，使其可以抽取附近的溪水至储水缸暂存。然后，溪水会通过水泵输送到沿坡脚装设的洒水器，灌溉植被。系统设定每天灌溉斜坡，而且雨水探测器会在雨天自动关闭灌溉系统。香港政府已在大屿山狗虱湾试验了类似的灌溉系统。可在没有自来水供应的偏远地区引入此太阳能灌溉系统，充分利用溪水和太阳能，实现低成本的智能灌溉。

无线遥控灌溉系统 用远程终端控制器采集各处的需水、需肥信息，然后通过全球移动通信系统将传感信息传给中央控制端。系统采用移动电话网络作为系统数据的传输信息。另外，作为增值业务的手机短消息功能应用越来越广泛，技术非常成熟。无线遥控灌溉系统可以利用手机短信息来实现数据的远距离传输，只需将短信息发送接收模块加入到每个测控终端中即可。无线灌溉系统的特点是利用现有的移动通信网络，网络结构简单，无须大量布线，维护方便，投资小，见效快。

总线控制灌溉系统 通过总线的方式接入所有测控终端，每一个测控终端可以独自进行简单的灌溉动作和判断，然后把信息反馈至中央监控计算机，由中央监控计算机进行统一调度、数据存储、状态监测等工作。同时，可利用专家系统对灌溉进行指导。这种方式直观，可以到达无线网络不能覆盖的地方，且成本较低，可充分利用现在发展迅速的现场总线技术。

智能灌溉系统是怎样工作的

以前的智能主要是指通过微处理器来进行运算，而不通过人脑。随着科学技术的发展，智能的含义扩展开来，泛指一般的可以减轻人的劳动量，代替人的某些功能的技术实现。智能灌溉系统通过智能仪器实现信号采集与控制。信号分析与处理功能的核心是微处理器。一个现代的测控系统，测量与控制早已密不可分。嵌入式测控终端模块有虚拟仪器不可比拟的强大功能，它不仅完成信号的采集和控制，在一定程度上还兼顾实施对信号的分析和传输。这主要是因为它有一个功能强大的微处理器，甚至有一个嵌入式操作系统来支持。随着现在微处理器速度的加快、功能的增多，以及数字信号处理技术与器件的发展，实时监控已成为可能。

说说 灌溉施肥技术

传统灌溉施肥方式既浪费水资源又污染环境

化肥的使用已经成为现代农业生产的重要因素，我国是世界上化肥施用量最多的国家，而氮肥当季利用率仅为30% ~ 50%，磷肥利用率为10% ~ 25%，钾肥利用率为50%。如此低的肥料利用率不仅造成了资源和能源的大量浪费，还引发了一系列的污染问题，生态环境也遭到巨大破坏。传统的自然灌溉，如沟灌、渠灌、漫灌一般水分利用率只有 30% ~ 50%，大量不能利用的水把施用的肥料带走而造成浪费。

智能灌溉施肥技术可节水少肥减少环境污染

加压封闭的灌溉系统中，灌水全都渗入到作物根系层内，大大减少作物棵间蒸发。同时，灌水后土壤水深层渗漏少，因而最大限度地减少了无效的水量损失，水的利用率可以达到 75% ~ 95%。并且灌溉配合施肥，肥料随水进入作物根系附近，有利于防止肥料深层流失，既提高了肥效，又能使地下水免受肥料及化学药剂的污染。这样就能很好地控制水分和养分的供应，特别是在施肥的方式上可以做到真正意义上的适量、均匀、准确地供给作物活性根系聚集的土壤区域。因此，显著提高了肥料利用率，减少施肥量，最大程度地减少了肥料造成的水污染。所以将灌溉和施肥充分结合，不仅可以有效节约水资源和肥料施用量，提高水肥利用率，还可有效调节作物水分和养分的供应。同时，智能灌溉系统很容易实现灌水自动化管理，节省人力资本，提高劳动效率。

面临我国水资源的严峻形势，以及化肥施用不合理所带来的严重危害，智能灌溉施肥技术无疑是一种最好的选择。肥随水走，从而实现水肥一体化管理，水肥直达作物根系附近。通过计算机程序控制，精确灌溉，精确施肥，实现了传统粗放型灌溉施肥向集约型灌溉施肥的转变，这对于节约水资源、保护生态环境具有极其重要的意义，这也正是研究本系统的意义所在。该技术结合我国缺水、肥料利用率不高的特点在我国具有广阔的应用前景。

智能灌溉施肥技术在西方国家的应用

智能灌溉施肥技术在西方国家已经有了很长的发展历史和较成熟的技术体系，作为节约型农业发展的重要部分，它应该是从无土栽培中营养液水培法中演化发展而来。由于第二次世界大战后蔬菜和经济作物的快速商业化进展，西方多数国家开始从单方面的无土栽培逐渐转变成小规模的灌溉施肥，而且向地面自然灌溉设施如沟灌、渠灌、漫灌等中应用，其实就是在灌溉沟渠中加入易于作物吸收的液态肥料。但是，在这样的形式下，灌溉水利用率实在太低，肥料浪费也很严重。在种植规模不断加大、商业化不断加深的趋势下，20 世纪 50 年代中后期，荷兰终于开始了水泵和用于实现养分精确供应的肥料混合罐的研制和开发。

从 20 世纪 60 年代开始，以色列灌溉施肥技术的发展与微灌的发展和应用同步进行，并建成了世界上第一个滴灌系统。这一系统由不同口径的塑料管组成，灌溉水和溶于水中的化肥从水源被直接输送到作物根部，呈点滴状缓缓而均匀地滴灌到作物根区的土壤中。滴灌使农业灌溉技术发生了根本性变化，标志着农业灌溉由粗放走向高度集约化和科学化，基本实现了按需供水、肥，成为灌溉技术的一项重大突破。

自动化控制技术为智能灌溉施肥带来可能

现代灌溉施肥是利用很多辅助设备如动力机、PVC 塑料管道、过滤器、施肥罐、注肥设备、滴灌带、调压阀、各种传感器、喷头、滴头、滴管壁密布的微孔组成。喷头是利用水压将水均匀地喷洒开来。微孔是通过产生一定的阻力控制给水量大小。滴头是使水流经过微小的孔道并以点滴的方式滴入土壤中。其中重要的一点就是现在灌溉系统中一定要有设备施加给水以压力来进行灌溉工作。施肥是在灌溉的基础上配合作物灌溉用注肥设备，将液态的肥料注入灌溉的管道之中，完成伴随着灌溉的施肥作业。如果是高自动化的作业环境还伴随带有自动化的灌溉施肥控制系统来对各硬件设备驱动控制，实现自动控制下的合理灌溉施肥就是现代灌溉施肥技术的最高体现。

灌溉施肥技术在应用中最关键的重点在于，根据灌溉施肥设施的条件、种植土壤的情况、种植作物的耗水强度情况与养分需求和吸收情况，对灌溉水和排放水、肥料的浓度、注肥系统开启时间和注肥剂量进行合理分析，并据此来制订最优的施肥计划，从而达到最佳的种植效果和经济产出。

说说 温室智能灌溉施肥控制系统

微机监控技术在智能灌溉施肥中起到关键作用

节水灌溉技术应用在农田、温室灌溉时，常用灌溉时间程序控制器及注肥泵来实现灌溉自动化，但该方式不能对灌溉系统进行监控以及实现准确、有效的灌溉。智能灌溉施肥控制系统融合微机及监控技术，对灌溉系统进行全程控制，实时检测灌溉水的 pH 值（酸碱度）和 EC 值（肥料浓度），并通过控制器及时调节供肥和加酸量，保证给作物及时、精确的水分和营养供给。同时，根据温度、湿度、降雨情况等调整灌溉运行时间，达到智能化节水灌溉，以及高效、精确灌溉的目的。

温室智能灌溉施肥控制系统的组成

温室智能灌溉施肥控制系统配置有供水、过滤系统，模块式可编程控制器及远程检测、控制单元，自动灌溉施肥机，计算机及远程控制系统，灌溉系统。

供水系统 灌溉运行期间用水量较大，一般情况下需要修建蓄水池来保证灌溉期间有充足的给水量，蓄水池须根据水质含沙量和悬浮物的状况来设计。灌溉水通过管道泵加压来保证灌溉时所需的工作压力。管道泵采用变频控制系统实现软启动、恒压供水，以减少水锤冲击，保护灌溉设备及管网，提高灌水均匀度，从而实现精确灌溉。

过滤系统 可根据灌溉形式及流量的不同选用不同规格的过滤器，一般采用叠片式过滤器。滴灌及雾灌系统要求过滤器达到 100 目以上，以减少灌水器的堵塞。全自动过滤系统可根据过滤器进出口的水压差来调整过滤器电磁阀的开关状态，实现过滤器智能冲洗。

可编程序控制器 又称中心控制器，由控制器电源、控制器芯片组、模块插槽、输入输出模块组成。控制器芯片组为控制器核心，主要由 CPU、内存等芯片组和主板构成，控制程序已写入只读存储器。

远程检测、控制单元 检测单元包括温度、湿度传感器，风量、雨量传感器与光照传感器。控制单元包括布置在主管路与各轮灌区内支管的电磁阀、电机等设备，即为控制输出信号的执行命令单元。

自动灌溉施肥机 包括抽肥回路、抽肥泵、肥料流量计、肥料选择器、流量计、压力变送器、EC/pH 值测定等，主要功能是实现定量、定点抽肥。

计算机及远程控制 选用 PC 机作中心控制计算机，中心控制计算机与中心控制器可根据不同的条件和要求采用相应的连接方式，选用相应的远程终端自动控制卡。

可选用直接网线连接控制、VPN 和无线网络（一般采用直接网线连接控制更有利于设备的操作和维护）等技术，实现与现场控制计算机的连接，或使用远程控制的方法运用计算机网络远程控制程序实现远程计算机控制。这样，只需在办公室通过互联网络就可以控制不同地区生产基地的灌溉任务。

说说 激光平地技术

农耕中土地平整的学问

农艺的工序主要包括耕地、整地、种植、管理和收获几个环节，在作物种植之前首先需要对土地进行平整处理，简单说来就是对庄稼地的基本要求就是“地面要平”。

在外行人看来，平地这一要求无非是播种、施肥和浇水方便点，其实这里面的学问可不少。行家说，地不平的危害多，尤其种水稻其害更甚：浇地淌水时高处水不够，而低洼处已积水，浪费水源；肥料向低洼处聚集，渗漏流失浪费肥力；低洼处不见出苗或秧苗被淹死，浪费补苗时的种子和人力；庄稼长势不均匀，严重影响产量等。一般来说，经过多年耕作，水田的平整度较差，普遍存在“大平小不平”的现象，不仅加大了农民的种植成本，也给机械插秧、田间管理等农业生产带来诸多不便。农民祖祖辈辈相传的平地方法较为简单：往地上一蹲，用眼瞅瞅，哪里高就把哪里的土壤挖掉一层拉到低洼处。但人工用肉眼观测容易看走眼，每块田里高低相差二三十厘米甚至高凸处被铲成低洼处的事常有发生。

激光平地技术有利于实现精细地面灌溉

由于受常规机械自身缺陷和人工操平精度低等因素的制约，土地平整精度达到一定水平后难以继续提高，还远不能满足高产高效的农艺要求。现在，精准农业将智能化信息技术引入农业领域，带来一种新的技术——激光平地技术。激光平地技术是目前世界上最先进的土地精密平整技术，它是利用激光作为非视觉控制手段代替常规机械平地设备中操作人员的目测判断能力，用以控制液压平地机具的升降高度。激光平地技术对农田土地进行平整，可以有效改善农田表面状况，提高种子播种存活效率，提高农田灌溉水的利用率，有利于控制杂草和虫害，提高化肥使用效率，减少环境污染，实现精细地面灌溉。

激光平地设备的组成及工作原理

激光平地设备主要由激光发射器、激光接收器、控制箱、液压控制阀、平地机组成。其工作原理是：在田间地头安放一台信号发射器，可以在作用地块上形成激光平面，信号通过卫星传递到农用拖拉机上的信息接收装置里；当拖拉机前进时，后面的刮土板会根据接收的信息自动且迅速地调节高低度，将高凸处的土壤刮到低凹处。专家介绍说，用激光技术平地，每块地的高低误差能控制在 3 厘米左右，并且与传统平地的方法相比，激光平地的成本较低，如果操作熟练，农工所付的平地费只有过去的一半左右。

激光平地技术给农业带来的好处

通过激光平整能够显著提高水、肥、药的利用效率，提高作物产量。由于我国地理环境的多样性，田面高低不平，水、肥、药得不到充分利用。在我国高标准农田建设中，不论是旱地还是水田，大力推广激光平地技术都是要高度重视的一个方面。下面详细说一说激光平地技术带来的好处：

可以提高种植水平　由于激光平地后地块误差小，可达到寸水不露泥，使播种深度均匀，出苗整齐，让作物在整个生长阶段都能获得所需的最佳水层，从而提高作物产量。

可以提高节水效果　激光平地技术可使地面平整度达到正

激光控制平地系统构成

负误差3厘米，使得灌水均匀，可有效减少深层渗漏，提高节水灌溉效率，一般可节水30%以上，每亩可节约用水100米^3。

可以提高节肥效果 由于土地平整度提高，化肥分布均匀，可减少化肥流失和脱肥现象，提高化肥利用率20%，确保了农作物的出苗率。

可以取得增加产量的效果 由于出苗率大增而长势均匀，因而秧苗抗倒伏、抗病害能力提高，每亩增产粮食能达到50～100千克，并且在增产的同时，也提高了作物的品质。

节水灌溉是一项综合概念，激光平地技术改善了土壤条件，从源头上发挥了农田灌溉效率的最大化。现在农民都说，激光平地技术既省事又增效，真是太好了！现在农工们邀请农机手来承包地平地，竟然得争先恐后排队等候，好多农机手的活白天干不完，只得夜里加班轮流干。大家不禁感慨：精准农业的推广使用，可谓是开辟的又一条增产增收新路子。

话题七

收获季节不发愁
——精准收割

一直以来，每当收获季节来临的时候，农民们先是满怀喜悦然后才是发愁。喜悦的是粮食获得了大丰收，发愁的是这么大片的粮食靠着自己的双手要收到什么时候！如果遇上天气不凑巧，收了一半的粮食该怎么办呢？

“嘟嘟嘟……”一台联合收割机在金黄色的麦田里面来回几趟，麦粒和麦秆自动分离，转眼之间，10 亩地的小麦就收割脱粒完成，在场的农民把手中的镰刀一扔，拍着联合收割机说：“还是这个家伙厉害，它来回嘟嘟几下，抵得上我腰酸背疼地干上几天！”另外一块花生地里，农民看着花生联合收割机也高兴地说：“这台机械就是好，能够一次性完成花生挖掘、摘果、清选。我这 15 亩花生只用了一天的时间就全部收获完毕，省时省力，要是像往年用人工收获，4 个人一个星期也收不完。”

随着微电子技术、计算机技术和农业机械技术的迅速发展，现代农业收割机械中广泛应用了自动监测和控制技术，粮食作物的收割可以通过现代化的收割机械快速自动完成，农民再也不用为收获发愁了。那么，收获粮食的精准收割是怎么完成的呢？这就要从联合收割机的历史开始说起了。

说说 联合收割机是什么

联合收割机是从田间直接获取谷粒的收获机械

谷物联合收割机简称联合收割机，就是收割农作物的联合机，也有人翻译为谷物康拜因（Combine 的音译）。联合收割机是能够一次完成谷类作物的收割、脱粒、分离茎秆、清除杂余物等工序，从田间直接获取谷粒的收获机械。有些谷物联合收割机经局部改装和调整后，还可收获豆类、向日葵和牧草种子等。联合收割机的优点是劳动生产率高，劳动强度低，能赶农时，适宜地块面积大的地方使用，但在生产规模较小的情况下作业成本较高。

联合收割机是一体化收割农作物的机械

在联合收割机出现以前，农民使用脱粒机和机械收割机开展农业活动，大大提高了农业生产率，这使得用比以前少的工人

现代联合收割机

去收割更多的谷物成为可能。随着技术的不断改进，19 世纪后期的一项发明，使收割与脱粒有机地结合在一个整件中，农民能以单一的操作去完成收割和脱粒两项工作，从而生产出联合收割机的雏形。联合收割机是一体化收割农作物的机械，可以一次性完成收割、脱粒，并将谷粒集中到储藏仓，然后再通过传送带将粮食输送到运输车上；也可用人工收割，将稻、麦等作物的禾秆铺放在田间，然后再用谷物收获机机械地进行捡拾脱粒。联合收割机的诞生，节省了大量的人力和物力，极大地减轻了农民的负担。

联合收割机是怎么完成收割的

那么，联合收割机又是怎么开展工作的呢？从下面的剖面图可以看出联合收割机的主要部件。

联合收割机通过以下几个步骤开始收割工作：

◆ 收割机通过行走机构在农田中行走，操作割台对作物进

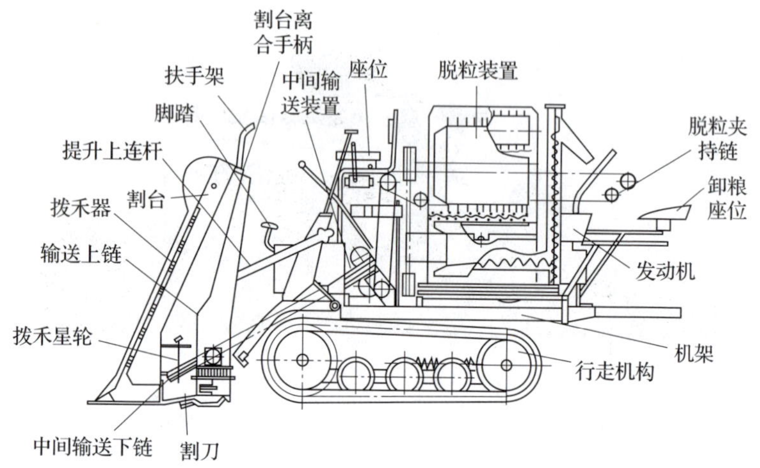

联合收割机构成图

行切割，并将割下的作物传送到输送装置。

◆ 输送装置又将作物切割输送到脱粒装置。

◆ 脱粒装置对作物进行脱粒，并将脱出物与作物茎秆分离；茎秆被分一路，由排茎机构排出机体外；子粒及颖糠、碎茎秆等脱出物被分为另一路，进入清选系统。

◆ 清选系统把脱出物中颖糠、碎茎秆等杂物清理出来，排出机体外，从而得到清洁的粮食。

◆ 清洁的粮食，被推运器、升运器输送到储粮装置、卸粮装置，分批或陆续卸出机体外。

通过以上五个步骤，联合收割机就实现了作物的自动收割、脱粒、茎秆分离、杂物清除和粮食搜集的任务，是不是很神奇呢？

说说 联合收割机的历史沿革

联合收割机最早研制于 18 世纪

18—19 世纪，在英、美等国曾有许多人研制和设计联合收割机，其中有的人还获得了专利或制造出了样机，但基本都不具备实用价值，未能得到推广。

1834 年，美国农民发明家海勒姆·摩尔（Hiram Moore）设计制作出第一台由用畜群牵引、通过地轮驱动收割器等工作部件的联合收割机，其收割效率超过了 30 个人工，这是联合收割机研制的重大突破，早期的收割机由 16 匹或者更多的马匹来提供动力。1839 年，摩尔制造了完全版本的马力联合收割机，一天可以收割 300 亩农田。此后，摩尔一直致力于联合收割机的改进和制造，他生产的联合收割机供不应求，到 1870 年，他制造的大型联合收割机由 40 匹马牵引，收割幅宽达 30 米，收割机上还装有麦秸打包装置。至此，美国的大部分农场都使用上了宽幅的联合收割机。

畜动力宽幅联合收割机

19 世纪研制出蒸汽驱动的联合收割机

最初的联合收割机体型庞大，需要用大量的马匹或者骡子来提供动力。到了 1890 年，随着蒸汽机的使用，贝里（George Stockton Berry）设计制造出第一台由蒸汽机驱动的自走式和牵引式联合收割机，使用稻草作为燃料来加热锅炉提供收割动力，这种收割机一天可以收割和打包 600 亩农田，费用比起使用马匹的收割机和脱粒机要便宜得多。此后，又相继诞生了由内燃机驱动的自走式和牵引式联合收割机。

19 世纪 80 年代后期，联合收割机在美国日益普及，很快澳大利亚的马凯（Hugh Victor McKay）也有了同样的设想，并在 1885 年生产了第一台名为阳光收割机的商用收割机。

第二次世界大战之后动力机械联合收割机应运而生

第二次世界大战之后，农民开始普遍使用拖拉机开展农业作业，拖拉机牵引的收割机应运而生。这种新的收割机采用振动器将粮食从谷壳和稻草中分离出来，在拒绝稻草的同时保留

蒸汽驱动的联合式收割机

了谷粒粮食。这些收割机要么直接就将收获的粮食装卸到货车或者卡车中带走；要么直接使用储存装置来储存粮食，等到装满之后再用汽车或者马车运走。右图展示了使用拖拉机作为动力的谷物收割机。

联合动力收割机

20 世纪美国发明自走式联合收割机

在美国，主要收割机制造商包括以下这些公司：阿利斯-查默斯公司（Allis-Chalmers）、国际收割机公司（International Harvester）、摩丁制造公司（Gleaner Manufacturing Company）和约翰·迪尔公司（John Deere）等。从 1910 年开始，美国开始发明由拖拉机牵引的自走式联合收割机。在 1911 年，加利福尼亚州的霍尔特制造公司（Holt Manufacturing Company）生产了自走式联合收割机，澳大利亚在 1923 年发明了第一台带有中央输送功能的自走式联合收割机“阳光汽车头”。从 1920 年

机械动力收割机

开始，美国小麦产区开始推广由汽油拖拉机牵引的谷物联收机，到了 20 世纪 20 年代，联合收割机在美国的小麦产区得到大规模使用，随后迅速推广到了前苏联、加拿大、澳大利亚和西欧诸国。1938 年前后，美国开始大量使用自走式联合收割机，并逐步用柴油机取代汽油机作为动力，到 60 年代中后期，美国生产的自走式谷物联合收割机已占谷物联合收割机总产量的 90% ~ 95%。此后，随着电子信息技术的发展，联合收割机向着更先进的方向发展。在 60 年代末期，联合收割机上面开始使用了电子监视装置；到 70 年代中期，联合收割机已开始采用空调和防震、防噪声驾驶室、液压操纵和电子监测自动控制装置等；到了 1974 年，程序控制、全自动、无人驾驶的联合收割机样机被研制出来；现在，联合收割机已经开始向自动化、智能化和强自适应性的方向发展。

自走式谷物联合收割机

我国生产畜力收割机始于 1952 年

与世界联合收割机研发的脚步相比，中国起步较为缓慢，于 1952 年开始生产畜力摇臂收割机和其他类型的畜力收割机；1962 年开始发展机力卧式割台收割机和机侧放铺禾秆的立式割台收割机。为适应北方小麦、玉米间套作地区收获小麦的需要，于 1977 年研制成机后放铺禾秆的立式割台收割机。

如今，联合收割机已是大田作业不可缺少的农业机械，用其收割小麦，可比一般人工收割减少脱粒损失 3% ~ 5%，并大量节省劳力，一台大型谷物联合收割机一天可收割小麦 400 ~ 500 亩，已经成为农民耕作不可获取的好帮手。

说说 联合收割机的种类

便携式收割机

便携式收割机分为侧挂式和背负式两种：

侧挂式自动收割机 采用硬轴传动，主要由发动机、传动系统、离合器、工作部件、操纵装置和侧挂皮带等组成。在传动轴的一端配置 0.75 ~ 2 千瓦的单缸二冲程风冷汽油机和离心式摩擦离合器；另一端安装由减速器和切割刀具组成的工作部件。工作部件的类型很多，常用的为圆锯片、刀片或尼龙丝。

作业时，将传动轴的铝合金套管上的钩环挂在操作者肩下的背带上，握住手把，横向摆动硬轴，即可完成切割杂草、灌木等作业。机具重 6 ～ 12 千克，转速为 4 500 ～ 5 000 转 / 分。

背负式自动收割机 用软轴传动，一般构造与侧挂式割灌机相似，不同的是其发动机背在操作者背上，切割部件由软轴传动，发动机功率一般为 0.75 ～ 1.2 千瓦。发动机与背架之间以两点连接并装有特制橡胶件以隔振。软轴为套装在软管内的钢丝挠性轴，用以传递扭矩。软管为敷有橡胶保护套的金属编织网包住的钢带缠卷的螺纹管，以防尘土侵入轴内并保持轴表面的润滑油。其割幅一般在 1.5 ～ 2 米。

手扶式收割机

由行走轮支承机具重量，由人推动机器前进，由发动机驱动工作部件进行切割灌作业。其构造和工作原理同便携式割灌机相似。悬挂式收割机悬挂在拖拉机后面，由动力输出轴驱动工作部件旋转，适用于大面积割灌作业，主要由机架、锯片、传动装置、悬挂装置和推板等组成。进行割灌作业时，拖拉机后退行驶,工作速度为 5 千米 / 小时,可锯直径为 10 厘米的灌木。

卧式割台收割机

由拨禾轮、一条或前后两条帆布输送带、分禾器、切割器和传动装置等组成。作业时，往复式切割器在拨禾轮压板的配合下，将作物割断并向后拨倒在帆布输送带上，输送带将作物送向机器的左侧。双条输送带由于后输送带较前输送带长，使穗头部分落地较晚，而使排出的禾秆在地面铺成同机器行进方向成一偏角的整齐禾条，便于由人工捡拾打捆。卧式割台收割机对稻、麦不同的生长密度、株高、倒伏程度、产量等的适应性较好，结构简单；但纵向尺寸较大，作业时机组灵活性较差，多同 15 千瓦以下的轮式或手扶拖拉机配套。其割幅小于 2 米，每米割幅每小时可收小麦 5 ～ 6 亩。

立式割台收割机

被割断的作物直立在切割器平面上，紧贴输送器被输出机外铺放成条。有侧铺放和后铺放两种：侧铺放型收割机由分禾器和拨禾星轮（或拨禾指轮）、切割器、横向立式齿带输送器等组成。割下的作物被拨禾星轮拨向输送器上下齿带，输送器将其横向输送到机器一侧铺放。后铺放型收割机在两分禾器间每 30 厘米增设一组带拨齿的拨禾三角带、星轮和压禾弹条，使禾秆在横向输送过程中保持稳定的直立状态，到达机器右侧后由一对纵向输送带向后输送，禾秆在压禾板的配合下在机器后方铺放成条。这种机型在套种玉米的情况下可不致禾条压在玉米苗上，其割幅等于两行玉米间的小麦畦宽。立式割台收割机结构紧凑，纵向尺寸小，轻便灵活，操纵性能好，适于在小块地上收割稻、麦。多同 7 ～ 9 千瓦的手扶拖拉机或 15 千瓦左右的轮式拖拉机配套，割幅为 1.2 ～ 2 米，每米割幅每小时可收小麦 6 ～ 7 亩；还有同 2 ～ 3 千瓦手扶专用底盘配套的小型自走式收割机，割幅为 1 米左右。

自走式谷物联合收割机

自走式谷物联合收割机已是农业作业不可缺少的农机装备。用其收割小麦，一台大型谷物联合收割机一天可收割小麦 400 ~ 500 亩。国产的割幅 2 ~ 3 米型一天可收割小麦 80 ~ 100 亩。遗憾的是，自走式谷物联合收割机功能单一，投资很高，使用期短，闲置期长，相对增加了农业的不合理投资；而且故障率居高不下。

自走式谷物联合收割机

收割机的发展趋势应以低碳节能、高速高效、智能化、多功能为创新发展方向；创新设计理念，改变传统思维方式，用新结构、新材料，科学地利用资源，降低排量，减轻重量，智能多功，提升质量；采用低耗低振高速发动机及减振隔振装置，提高机械的加工和装配精度，降低噪声；增设安全装置。

说说 联合收割机是怎么完成脱粒的

联合收割机的结构组成

尽管农业机械和计算机控制有了巨大的发展，联合收割机的基本操作依然保持着传统，一如联合收割机刚被发明时那样。

联合收割机操作装置示意图如下所示。

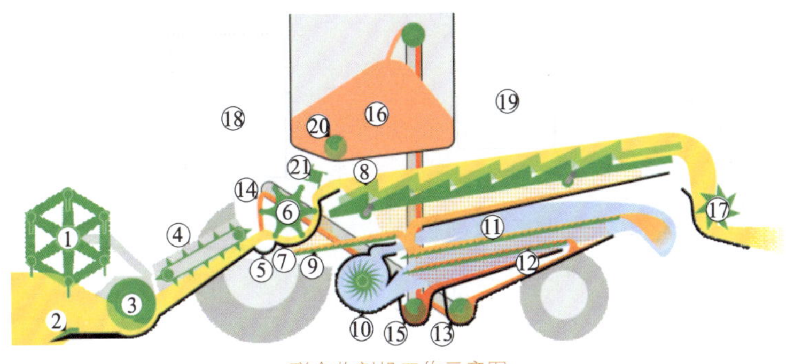

联合收割机工作示意图

传统的联合收割机结构

①卷轴	⑧逐镐器	⑮谷粒螺旋
②切割机	⑨谷粒收集器	⑯粮厢
③收割部螺旋	⑩风扇	⑰铡草机
④谷物输送机	⑪顶部可调节筛	⑱驾驶室
⑤集石器	⑫底筛	⑲引擎
⑥脱粒圆筒	⑬尾部输送装置	⑳螺旋输送机
⑦凹面	⑭残渣复脱装置	㉑叶轮

联合收割机的工作过程

首先，联合收割机通过切割头来切断作物并将其送入脱粒圆筒当中；在作物被传输的路径上，脱粒圆筒中固定了一系列的水平脱粒装置，通过这些脱离装置或摩擦装置，作物的谷壳可以在凹形格栅里和杂草分离开来，谷穗通过固定的凹面落下。

作物被切割之后，接下来会发生什么就要看联合收割机的类型了，不同的联合收割机在处理作物的时候有着不同的处理机制。大部分现代收割机，谷物通过图中的②、③或者④的推进装置传送到脱粒筒当中；而在古老的拾穗机当中并不存在这些装置。这些收割机独特的地方在于脱粒筒和凹面设置在谷粒收集器的里面，而旧的拾穗机将上述装置安装在谷粒搜集器的后面。因此，谷穗通过一种交织链的方式从机器下面的凹面移动到逐镐器当中，在此过程当中，杂草变得越来越轻，最终飘浮在逐镐器的表面杂草被排到机器外面，清洁的谷物则被传送到谷粒收集器当中。在其他更古老的机器当中，脱粒筒被放置在距离机器更高和更远的地方，谷物通过翻到一个“干净的谷物盘”移动到谷粒收集器，杂草则飘浮着通过凹面到逐镐器背后，排出机器外。

说说 收割机中的智能传感设备

微电子和计算机技术为现代收割机械插上了翅膀

由于微电子和计算机技术的迅猛发展，现代化收割机械中已经广泛地应用了农业物联网技术、自动监测和自动控制技术。现代收割机上采用了机械、电子和液压控制的先进技术实现自动控制，驾驶员可通过数据的显示调整收割机的作业负荷和作业速度，使得驾驶操作更加简便和快捷。另外，现代收割机装备了不同的监控器和显示屏幕，通过各种传感器设备和微处理器来实现数据采集、处理和设备控制；通过软件的运算和处理来实现收割作业面积、产量测算、路径规划等智能功能。

现代联合收割机中装备了哪些智能传感设备

现代联合谷物收割机中主要装备了以下设备：

◆ 谷物流量传感器：是用于测量净谷粒的流量传感器，主要用来生成作物产量分布图，指导来年变量施肥。

◆ 作物密度传感器：用来生成作物密度分布图，估测作物喂入量，调节收割机行进速度。

◆ 颗粒分离损失检测传感器：统计和减少粮食损失。

◆ 气压传感器：检测颗粒分离箱内气压，调节风扇挡位，减少粮食损失。

◆ 谷物质量传感器：检测谷物湿度、蛋白质含量以及发霉程度；质量监控，为后续储存和市场销售提供信息。

◆ 秸秆杂物比例和碎粒传感器：评价颗粒分离效果，调节颗粒分离系统参数。

◆ 姿态传感器：判断收割机倾角。

◆ GPS 传感器：路径规划，自动收割。

◆ 行驶速度传感器：监测联合收割机行驶速度，实现谷物产量的计算，多利用雷达和超声波测速传感器，安装在收割机的靠近地面的机架前面。

◆ 割台提升位置传感器：当收割机在田间地头进行转弯或经过没有作物的农田时，收割台升高位置停止工作，并通过传感器发出信号，暂停作业面积的统计计算。

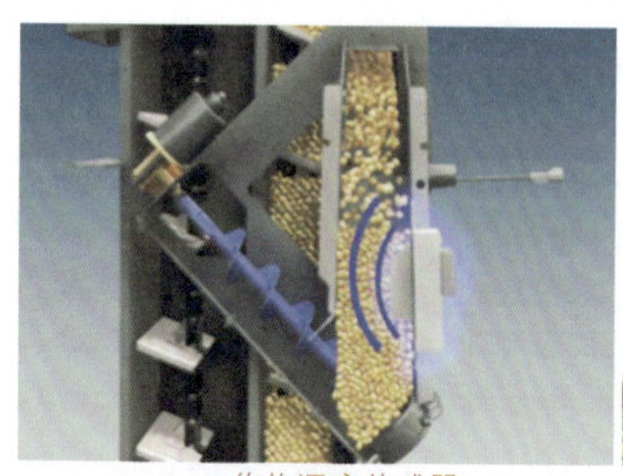

作物湿度传感器

饲料湿度传感器

作物流量传感器

产量估测传感器

智能传感设备为现代联合收割机带来哪些功能

结合上面列出的智能传感设备，现代联合收割机采用自动控制和自动监测技术，可以具备如下功能：割茬高度自动控制、脱粒喂入量自动控制、割台自动仿形、谷粒损失量监测和显示、作业速度自动监视、故障诊断和自动报警、作业面积统计与计算、油耗计算等。同时，联合收割机和卫星定位系统结合，可以实现产量分布图自动生成，为实现精细变量处方农作奠定基础。

说说 怎么实现“足不出户来收割”

梦想成为现实

坐在宽敞明亮的办公室，轻轻移动一下鼠标，田地里面的成熟庄稼就乖乖地被运到了仓库，这些以前只存在梦想中的画面，随着现代农业信息技术的飞速发展，如今已经成为现实。精准农业技术的应用和实施，将人们从笨重的机械和繁重的体力劳动中解脱出来，只需要坐在家中操作软件，就可以通过网络连接到各种农机，实时地对机器发送各种工作指令，让各种农机自动工作，不仅可以节省时间和提高工作效率，而且可以提升生产力和降低劳动成本，轻松享受到现代科技带来的舒适生活。

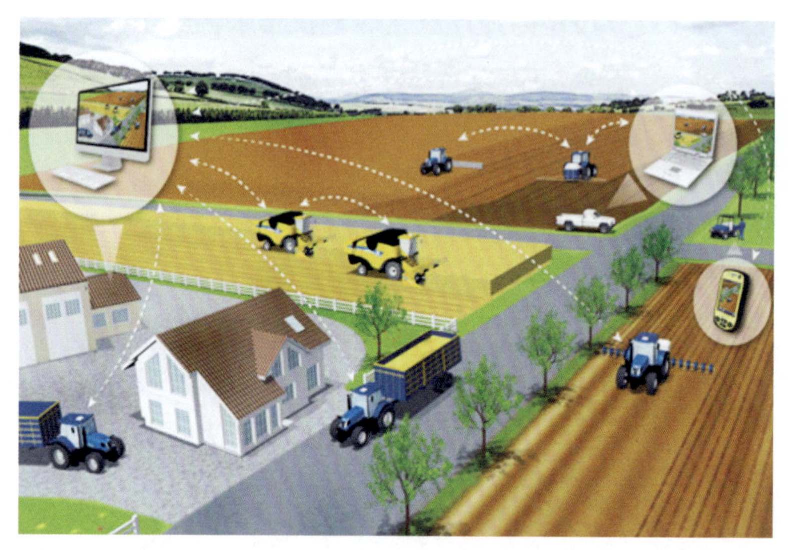

远程控制实现精准收割

“足不出户来收割”是怎么实现的

“足不出户来收割”是怎么实现的。上图是现代农场采用现代农业技术进行精准收割的示意图。农户在家中通过办公管理软件对收割农机、耕地农机、播种农机、运输汽车等进行统一操作和管理，上面这些农机里都装备了统一的 GPS 设备、自动控制设备和信号接收装置，通过接收农户发布的软件指令，上面的农机可以实现无人驾驶和自动工作。例如，联合收割机可按照系统指定的路线来收割庄稼，收割下的庄稼被拖拉机运走送往仓库，收割完的地块会由土地平整农机进行平整，并通过播种机完成下一轮作物的播种。整个过程全部由软件控制和机器自动实施，这样大片庄稼的收割、装载、运输就有条不紊地完成了，同时下一步的农田平整和播种工作也准备就绪。你看，这是不是在家里面动动手指就实现了庄稼的收割呢？

上面讲述的精收割过程看上去是不是很有意思？这个过程的细节都是怎么实现的呢？首先，农场工作人员或者农户需要对自己的土地地块有着比较详尽的了解。一般来说，土地地块的管理主要通过前面讲述过的地理信息系统来实现，地理信息系统可以记录土地的大小、高低、位置、肥沃程度等参数。当庄稼成熟之后，根据地理信息系统记录的地块情况，农户使用软件系统将土地分成一小块一小块土地进行统一管理，按照不同地块上庄稼的种植种类、成熟程度等指标进行统一规划，并按照农户不同的要求在软件系统当中规划庄稼的收割路线，如下图所示。

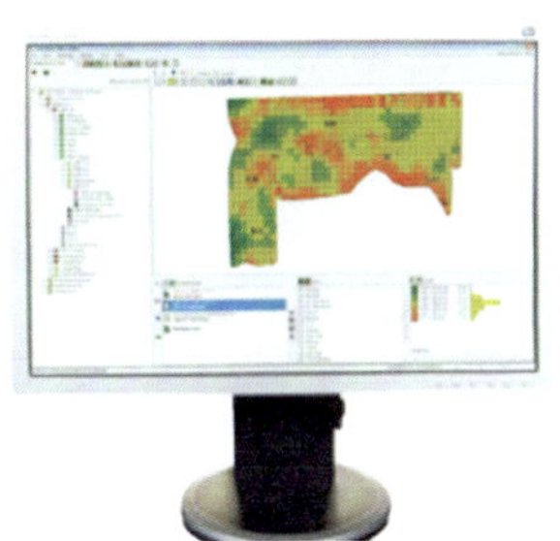

土地管理与农机调度软件

当收割农机接收到农户发布的指令后，农机内部的微型处理器和操作系统根据指令设定行进路线，依托农机本身的GPS和自动控制系统控制收割农机沿指定的路线行进，并开始作物的收割工作。

车载 GPS 和转向控制装置

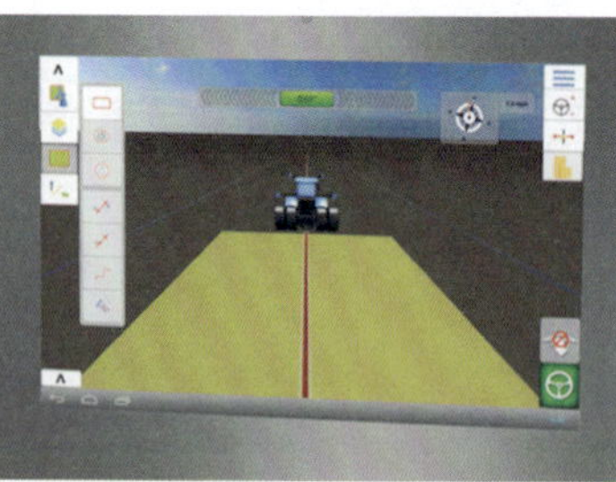

农机驾驶仓与自动驾驶控制系统

在收割机进行收割的同时，农户向作物装载卡车发送与之对应的路线和控制指令，用于装载联合收割机收获的作物。当收割机和卡车上的传感器发现卡车装载满后，分别向卡车和收割机发送进一步的控制指令，对收获的作物进行运输、打包和入库操作，并返回农田继续完成收割工作。

通过上面几步操作，农户就可以足不出户地控制自己的农机开展作物的收割工作，当收割工作完成之后，所有的农机均可以按照设定程序自行进入车库。另外，精准农业技术控制下的农机不受白天黑夜的影响，能够加班加点地完成成熟作物的收割工作，农民们再也不用操心成熟庄稼的抢收工作了。

作物收割与装载现场

说说 联合收割机是怎么精确测产的

传统的田间测产方法

传统的田间测产方法主要采用预估方式来实现，例如取样方法、平均数方法、计算方法等，常用的单产计算公式为：单产量 = 总产重量 / 地块亩数。这些传统的田间测产方法只能得到地块的平均产量，如果想进一步了解每个地块的具体产量多少、土地肥力如何等具体信息就会觉得心有余而力不足。

新的田间测产方法带来的好处

现在，精准农业提供了一种新的田间测产方法，不仅可以有效地了解地块上每个地方的产量，而且可以详细地了解土壤的肥力、收益率等信息，为来年的播种、施肥和灌溉管理提供详尽的数据支撑。

联合收割机是怎么精确测产的

新的田间测产方法通过在联合收割机上的传感器装置可以测得作物质量流量、水分含量、损失量、收割机行驶速度等参数，按照以下公式即可计算每个地块的作物单产：

$$单产量=\frac{作物质量流量-水分含量+损失量}{收割机行驶速度\times 割幅宽度}$$

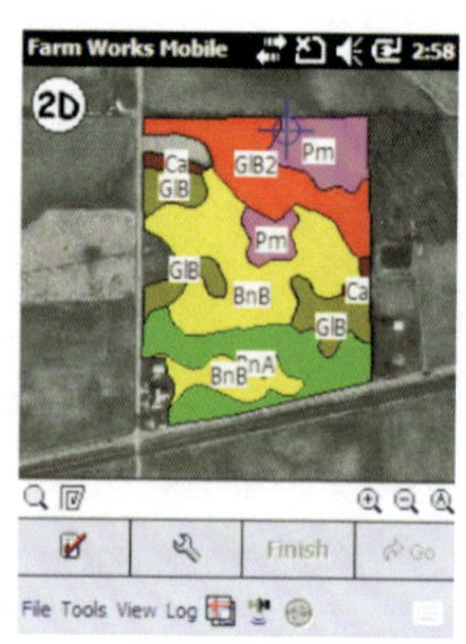

田间信息采集软件与显示装置

有了农田位置信息、谷粒流量信息、收割宽度和行驶速度等数据信息，经过单位换算和标定等系数计算，收割机上的产量监控器可以通过软件系统来统计瞬时产量、农田平均产量、每公顷平均产量等数据。这样，再借助于全球定位系统（GPS），快速生成计划收割区域的数字地图，并在计算机上显示联合收割机行走的轨迹，对测产系统各传感器信息进行数据处理，由动态产量数据定位信息，按照不同地块的产量高低实时绘制粮食产量分布图。对实测数据进行空间数据分析，得到准确的粮食产量分布和实际的收获面积，并为以后实施变量农作打下基础。下图展示了国内外收割机测产系统的产量分布情况。

联合收割机实时测产图

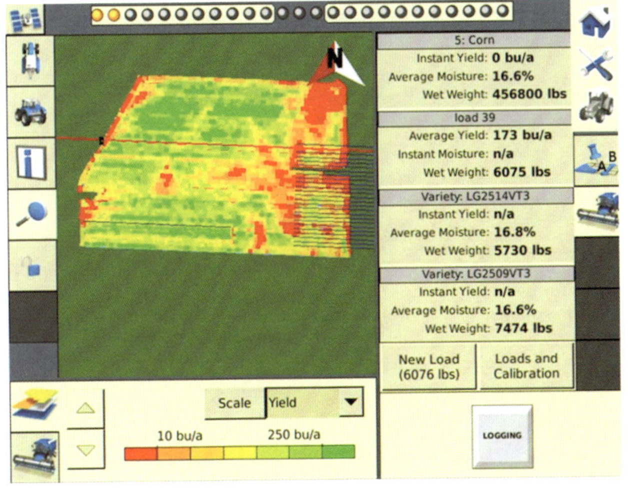

SST Summit
SST
Home
Plans
Records
Maps
SST Stratus
Reports
Data Mgmt.
Setup
FarmRite
Use this tool to zoom in on the map
Dashboard
Sync Now
Help
Layers
Edit Data
Field Boundary
Boundary 118.84 ac
Yield Data (Corn - 2006)
Dry Yield
10.52 - 122.87 3.57 ac
123 - 186.65 7.35 ac
186.7 - 218.03 20.27 ac
218.05 - 246.24 18.52 ac
246.32 - 350 8.29 ac
Dry Yield
7.64 - 77.45 9.31 ac
77.46 - 88.04 18.95 ac
88.05 - 99.1 16.38 ac
99.11 - 115.51 6.88 ac
115.54 - 150 3.44 ac
Soil Sampling (soil poly)
Sample ID
Field Acres: 118.84
Selected Layer Acres: 0.00
Sanders Farms
Davies and Heckler
Davies 118
Davies 120
Davies 35 N
Heckler 145
Heckler 50
Heckler 95
S. Davies 35
Davies 118, NormalCoverage

Relative Yield Map
Example of calibrated yield scale after harvest. Average yield was 200 bu / acre.
Relative Yield (bu / acre)
< -40 ‹ 160
-30 to - 40 160 -170
-20 to -30 170 to 180
-10 to -20 180 to 190
Average Average
10 to 20 210 to 220
20 to 30 220 to 230
30 to 40 230 to 240
> 40 › 240
The relative yield map shows the spatial variability of yield relative to the average yield of the field. Zones in the colors red-brown to yellow yielded below average. Zones in the colors green to dark blue yielded above average.
Overview
0 100 200 400 Yards
CropMaps, LLC - 1251 S. Huron St., Unit C - Denver, CO 80223
Ph: 303 777-7082 - www.cropmaps.com - e-mail: info@cropmaps.com

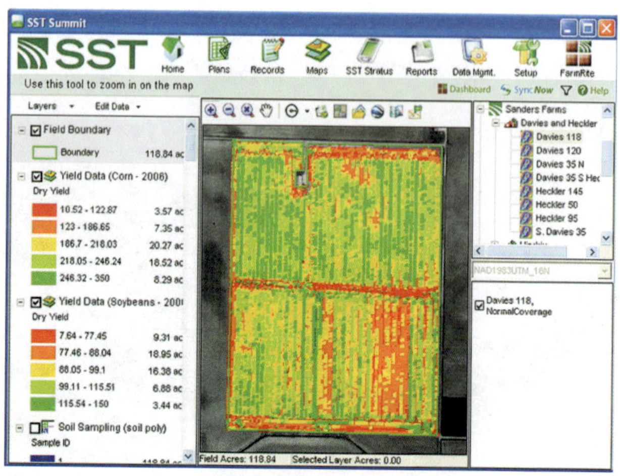

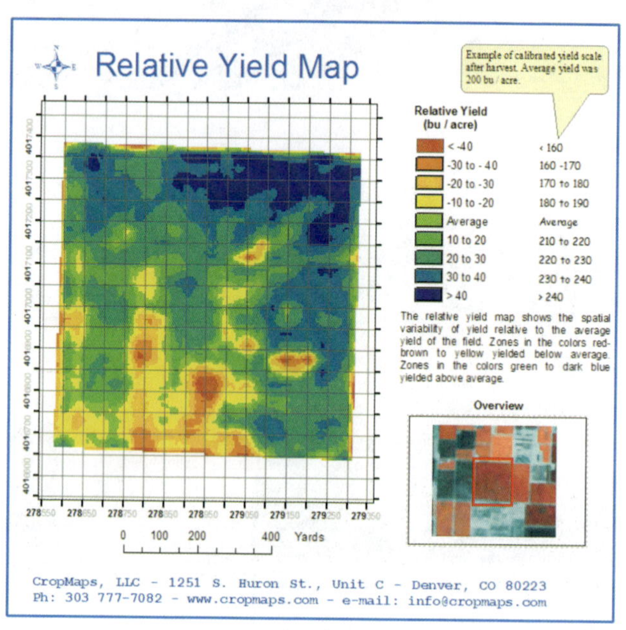

国外农田产量分布图